日式炸豬排、炸物

排隊店酥炸成功秘訣

瑞昇文化

日式炸豬排&炸物

排隊店酥炸成功祕訣

目次

第一章　名店・人氣店的日式炸豬排

第二章 名店・人氣店的油炸食品

第三章 日式炸豬排及油炸食品的基本烹調技術

【第一章】

名店・人氣店的日式炸豬排

炸豬排以「西式料理」型態進入日本已長達百餘年，目前，提供「炸豬排」和「炸肉排」的知名店家遍及日本全國各地。每家店對於製作肉排的素材及作法都非常講究，不斷追求著味覺上的最高境界。本書將為您介紹一些風味獨具的炸豬排。

作法
P70

使用醃泡一整天的肉片
炸出肉質軟嫩且吃得健康的日式炸豬排

不油不膩的大里肌日式炸豬排

●1650日圓●

完全剔除肉片上的油脂部分，奢侈卻吃得健康的大里肌日式炸豬排。此豬排的最大特色是店家在吃過和評比過全國各地豬肉後所精選的肉，而且店家利用蒜末和沙拉油浸泡通過SPF認證的品牌肉品一整天，以提高肉品風味，軟化肉質。除了嚴選肉品外，從套餐附的白飯、味噌湯到茶水，使用的素材都是店家用心挑選的。所使用的炸油是可用於調拌沙拉醬的優質油品，因此，炸出來的豬排都是味道清香且外皮酥脆，和添加13種香料的特調沾醬特別對味。

別名「草鞋豬排」
遠近馳名的巨無霸日式炸豬排

特製豪大日式炸豬排

●2000日圓●

明治28年（1985年）創業，率先將西式料理引進日本的店家。第二代掌門人運用「炸仔牛排（Côtelette）」的製作技巧，成功推出「炸豬排（Pork Cutlet）」日式西餐創意吃法。店家用於製作豪大日式炸豬排的肉片是重達230g的大里肌肉。炸得香酥脆口的麵衣已經完全瀝除多餘的油分。因此，可盡情地享受肉質軟嫩、肉味甜美的好滋味。使用的是1：1的上等豬油和沙拉油混合而成的炸油，因此，炸出的豬排味道清香，一點也不油膩。

作法 P72

作法
P74

肉質軟嫩到筷子就能夾斷的日式炸豬排
老店口味也為了響應健康概念而大改造

小里肌日式炸豬排豪華套餐

●1735日圓●

精挑細選的上等豬肉，一片一片地仔細剔除筋膜部位，經拍打軟化肉質後調整形狀，然後，裹上細細的新鮮麵包粉後油炸。為了響應近年來越來越風行的健康飲食觀念，店家將原來使用的炸油改成100％天然且富含天然維生素Ｅ和油酸的葵花油。輕薄酥脆的麵衣和特調醬汁結合為一體而營造出絕美風味。以160℃油溫慢火炸上7～8分鐘，炸出肉質軟嫩、入口即化似的好滋味。

薄如「紙片」的超薄日式炸豬排
配上嗆辣有勁的高麗菜讓人好想來杯啤酒

黑毛豬紙豬排始祖

●980日圓●

昭和12年（1937年）開張，首屈一指的啤酒屋連鎖店。知名度高到「一提到NewTokyo就會想到它」的菜色就是薄如紙片的「紙豬排」。將分切成薄片的黑毛豬腿肉，拍打得比一般豬排更薄，然後，裹上麵衣炸熟。店家甚至為了炸出更平、更漂亮的紙豬排而研發出獨特的油炸用具。搭配拌上嗆辣醬汁後鋪在豬排底下的高麗菜，就成了最適合用來配啤酒的超人氣佳餚。

作法 P76

追求大里肌肉之美味
店家最自豪的大里肌日式炸豬排

日式酥炸豬排

●1050日圓●

大正10年（1921年）創業，率先將豬肉的油炸食品命名為「とんかつ（日式炸豬排）」的就是當時的老闆。為了讓顧客享用炸豬排的美好滋味，該店只供應大里肌肉日式炸豬排。適度去除大里肌肉的油脂，經過拍打後，裹上店家特製的麵包粉，再以高油溫炸出酥脆口感的就是「陋巷美食王」的炸豬排。使用豬油和白絞油調配而成的炸油，炸出了香氣宜人、口感清爽不油膩、完全不會造成胃部負擔的好滋味。◎「王ろじ」——店名。意指陋巷美食之王。

嚴選素材、精心調味
勝烈的「方形小里肌日式炸豬排」套餐

勝烈套餐

●1470日圓●

昭和2年（1927年）創業，橫濱地區最具代表性的炸豬排老店。除了豬肉的選用特別嚴謹外，以「馬車道十番館」特製麵包做成的麵包粉、耗時兩天熬煮出來的祕傳醬汁、新鮮的高麗菜、特別訂製的味噌……等，所有的素材都精心挑選、用心調味，這就是成為超人氣日式炸豬排的祕密所在。小里肌肉經過分切，拍打成方形肉片，插上竹籤後油炸。方形小里肌日式炸豬排已經成了勝烈定食的最大特色。店家係以特別調配的炸油炸出清爽不油膩的口感。

作法 P77

深深地吸引著男女老少
以植物油炸出美味又健康的日式炸豬排

大里肌日式炸豬排飯

●1155日圓●

創業50年，日本國內展店數高達270家的日式炸豬排專門店。是以100％植物油炸出完全不會造成胃部負擔的日式炸豬排而廣獲好評。使用精挑細選的冷凍肉且每天配送至各分店，使用的麵包粉則視各分店用量研磨……等，店家以對素材的周延考量確保美好味道。豬肉味道強勁的大里肌日式炸豬排，深受炸豬排愛好者的喜愛。裹上碾成粗粒的麵包粉，炸出肉質軟嫩、外皮酥脆的口感。

作法 P78

味噌豬排蓋飯的創始店
以名古屋人都感到驚奇的味噌熬煮出來的豬排

日式味噌炸豬排蓋飯

●1050日圓●

據說，就連視味噌豬排蓋飯為家常便飯的名古屋人，都對這道味噌豬排蓋飯的獨創味道感到驚奇不已。昭和24年（1949年）創業以來未曾改變：以豆瓣醬汁熬煮豬排，做成蓋飯。味噌、豬排、白飯、半熟蛋，所有食材完全融合後展現絕妙口感。令人難以模仿的濃厚卻經典的味道。將肉片薄薄地裹上店家自碾粗粒麵包粉後油炸。使用玉米油、大豆油、菜籽油的混合油。◎味処 叶——店名。意指能享用美食的地方。

「先上味噌肉串！」
顧客中百分之八十會這麼說的招牌菜

味噌肉串

●250日圓 2本●

創業60年，是先從路邊攤做起，至今依然守護著美好味道的串物專門店。每天的製作量據說高達200支，是人氣菜色。肉串上沾的是八丁味噌醬，是只以紅味噌和冰糖熬成的稀醬汁，再將豬的內臟放入醬汁中慢火所熬煮出來的。上菜時，會將放入豬油中炸得熱騰騰的肉串沾上滿滿的醬汁。不斷地追加所熬煮出來的秘傳味增醬汁——巧妙地融合著甜味和辣味。適合外帶。◎當り屋：意指生意興隆的店。

使用德國進口的渥斯特醬料
醬料豬排蓋飯始祖

豬排蓋飯

●850日圓●

大正初期持續經營到現在的醬豬排創始店。創業者將德國渥斯特醬料改良成日本人口味。先將分切成100g薄片的上等大里肌肉片，裹上細細的特製麵包粉後，放入豬油、牛油中油炸，然後，趁熱沾上「以渥斯特醬料為底，並添加各種辛香料」的祕傳醬汁，蓋在淋了醬汁的白飯上。特製醬汁的甜味和酸味巧妙地醞釀出滑嫩口感，是讓人吃了會上癮的好味道。

別名「肉的千層派」。
因美味多汁、風味絕佳而大受歡迎

原味 KimuKatsu

●1480日圓●

將25片超薄片嚴選國產豬的大里肌肉堆疊在一起，裹上特製新鮮麵包粉後油炸。接到菜單後才將肉排一一放入低溫油鍋中油炸8分鐘，然後，豎起肉排以餘熱熟成2分鐘以引出豬肉的甜美味道。麵衣酥脆，肉片與肉片之間充滿著肉汁，一口咬下美味多汁、香氣四溢。和柑橘醋也非常對味。KimuKatsu、淋上和風醬油味醬汁的高麗菜、剛煮好的白飯——是最強的吃法組合。

一層層地沾上去的濃濃蛋香
酥酥脆脆的麵衣令人百吃不厭

大里肌日式炸豬排套餐

●1800日圓●

重140～150g，脂肪適度的國產豬大里肌肉，反覆地沾上3次麵粉和蛋汁後，微微地裹上碾成細粒的麵包粉，再以低溫油炸20分鐘。使用的炸油為100％豬油。享用時麵衣不剝離是最大的特徵。此豬排也因麵衣的酥脆口感、濃濃的蛋香和不油不膩而深受年長者或孩童們喜愛。絕不外傳的祕傳醬汁都是由專屬料理師父每天到店裡調製。

大和豬的豬排肉質鮮美
深受年長客群之喜愛

大和豬大里肌炸豬排套餐

●1732日圓●

使用脂肪甘甜，肉質細緻軟嫩的大和豬肉品。沾上以蘋果、番茄、洋蔥等基本食材熬煮的香濃醬汁和磨碎的芝麻後享用。口感香酥的外皮和肉片完全結合在一起，咬上一口，大和豬肉的新鮮、甜美味道就會在口中擴散開來。白飯是以筑波產越光米烹煮出來，高麗菜為有機栽培，店家自製醬汁完全不添加任何化學調味料，就連肉品以外的素材和味道也都是經過精心的挑選。

使用飛驒健豚肉品
以高級日式炸豬排迷倒老饕們

超厚片飛驒健豚大里肌炸豬排套餐

●3200日圓●

從全國各地的品牌豬肉中嚴選最適合用於製作炸豬排的「飛驒健豚」的基本招牌商品。以細緻軟嫩的肉質和調配得恰如其分的美好味道而深受美食饕客們好評。店家推薦第一口不沾任何調味料或沾上安地斯產岩鹽，更能享用到豬肉本身的鮮甜味道。使用的肉品都是店家見得到生產者，及在良質環境下所培育出來的。使用的炸油都是用於製作高級炸蝦料理所使用的芝麻油。

肉厚、份量十足
成本效益比非常高的日式炸豬排

日式炸豬排套餐

●850日圓●

豬排厚達2公分，是吃起來份量十足的招牌菜色。將200g國產豬的上等肩胛肉，裹上店家自行研磨的新鮮粗粒麵包粉後，炸出酥脆的口感。軟嫩肉質和酥脆外皮巧妙搭配出天天吃也吃不膩的好口碑。店家還貼心準備了甜和辣兩種味道的醬料。所附白飯及豬肉味噌湯皆無限量供應，真是一道經濟實惠的套餐。不斷地匯聚男性顧客人氣，一到中午店門口就大排長龍。

將蔥鹽撒在大里肌豬排上
炸豬排的新吃法

蔥鹽大里肌炸豬排套餐（大）

●2200日圓●

將分切成厚150g的國產品牌豬肉裹上最高級的新鮮麵包粉，放入新鮮的玉米沙拉油中，以低溫慢慢地炸熟。再附上一盤拌了鹽巴、麻油並撒上白芝麻的碎蔥花，喝桌上的附湯時也可添加。清爽的口味深得上班族群的喜愛。附上海藻沙拉、紅味噌湯、綠紫蘇飯以及三種無限量供應的醬菜。

昭和初期的文人們也深愛著
五十餘年未曾改變過的味道

炸豬排茶泡飯

●1365 日圓●

使用的肉品為風味絕佳，胺基酸含量非常高的「Seaboard pork」，使用的麵包粉為糖分較高的店家自碾粗粒麵包粉，炸油為最高級的100％純正植物油。將炒軟的高麗菜和口感酥脆的小里肌炸豬排淋上醬油味祕傳醬汁，接著移到熱騰騰的鐵板上，即可上桌。上桌後直接食用是一般的吃法，或可將豬排蓋在白飯上，然後澆入味道苦澀的粗茶湯做成茶泡飯，也非常好吃。

風格獨具、具體地展現出料理人之用心
「完全不以蛋液收汁的日式炸豬排蓋飯」

日式炸豬排飯始祖

●800日圓●

「大阪的豬排蓋飯淋上太多佐料，吃起來黏呼呼地一點也不酥脆爽口」——老闆聽到東京來的客人這麼說因而研究了這道「完全不用蛋液收汁的日式炸豬排蓋飯」。店家使用的是完全不打散就煎熟並切成「錦絲卵」狀態的蛋絲。白飯上撒滿蛋絲和切成細絲的海苔。吸入了以柴魚等食材熬煮的甜辣湯汁的白飯，即使沒有配菜也很容易下口。最後，將小碗裡的溫泉蛋倒在豬排上，甚至能享受入口滑嫩、蛋香四溢的日式炸豬排蓋飯的美味。以豬油為炸油，並用粗粒麵包粉。

邊煎肉排邊淋油
慢慢地煎出軟嫩多汁的豬排！

頂級鐵板豬排

●960日圓●

軟嫩多汁，一口咬下，口中就充滿著肉汁的鮮甜味道。每次翻面就會淋上油料，將肉汁鎖在肉排裡面，這是一種運用非常獨特的烹調手法所製作出來的豬排，吃起來不像油炸豬排那麼油膩，是絕對可放鬆心情享用的美食。為了煎出全年不變的好風味，店家會依照季節變化調整沙拉油和豬油的調配比例。此外，此豬排的特徵為肉質軟嫩到讓人覺得一點也不像炸豬排。剔除大里肌肉上的油份，剁斷筋膜，並經過所謂「拍打」的前處理步驟後，獲得了厚度均一和軟嫩的口感。

以細膩的前處理作業和低溫油炸
追求肉品的鮮美味道和滑潤口感

酥炸肉排

●2625 日圓●

明治38年創業以來就堅持為顧客提供適合於配白飯的西餐店「ぽん多 本家」。「酥炸肉排」是一種歷史悠久，堪稱日本炸豬排起源的美食。仔細剔除大里肌肉上的脂肪或筋膜後，放入低溫油鍋慢慢炸至熟透。豬油中混入牛油，除了炸出絕妙風味和濃郁的肉香外，也炸出了讓人誤以為是小里肌肉排的美味多汁口感。不過，還是大里肌肉炸出來的肉排滋味才值得這麼細細品味。為了引出肉排中的鮮美味道，建議「撒上鹽巴，享用現炸」的美好滋味。

質地軟嫩的瘦肉和鮮美多汁的脂肪
油炸出「半熟」的絕妙滋味

大里肌日式炸豬排

●2000日圓●

簡單的調味，充分運用豬肉的鮮美味道和彈性的炸豬排。使用的肉品為每天採購，只取掉骨頭，品質近似霜降肉狀態的高品質大里肌肉塊。先放入160℃油鍋中炸出酥脆口感，再以130℃低溫油炸至完全熟透。花上15分鐘慢慢地炸出來的炸豬排，切片後，切面呈現出粉紅色半熟狀態。一口咬下，鮮美肉汁佈滿口中。反覆沾上兩次麵粉和蛋汁，麵包粉儘量裹薄一點，能炸出酥酥脆脆的好口感。

「小里肌豬排始祖」的炸肉排特色是肉汁四溢
冷掉後還是很好吃！

酥炸肉排

●2900日圓●

蓬萊屋是率先將小里肌肉拿來製作炸豬排的「小里肌豬排始祖」。從創業時期到現在，堅持只使用小里肌肉。外帶的人非常多，故不斷地從炸油技巧上下功夫。使用了豬油和牛油混合而成的炸油，因此，即使冷掉依然風味不減，外皮也依然酥脆。其次，店家運用高、低溫「二度油炸」的獨創手法，成功地鎖住肉汁，而且，炸到九分熟後就讓豬排靠餘熱熟成，因而能炸出外皮酥脆，裡面的肉排滑嫩多汁的口感。

肉質軟嫩到筷子輕輕一夾就斷
盡情地享受日式炸豬排的美好滋味吧！

小里肌日式炸豬排套餐

●1800日圓●

以「肉質軟嫩到筷子輕輕一夾就斷」而名聞遐邇的老店人氣菜色。利用創業之初傳承下來的細膩前處理手法，將肉排處理出「筷子輕輕一夾就斷」的絕妙軟嫩程度。另一個特徵是，為了讓顧客們同時享受特製麵包粉的好滋味，故特別裹上厚厚的麵衣，由香香酥酥的麵衣和軟嫩嫩的肉排搭配出絕妙口感。可輕鬆享受炸豬排美味的氣氛和花上千圓日幣就吃得到的大眾化價格，是連日締造盛況的原因。

醬汁風味、肉的美味完全濃縮在麵衣上
滋味深奧到必須細細地去品味的炸豬排

日式炸豬排蓋飯

●900日圓●

這是一家去了就可享用到獨創炸豬排風味的店，店裡的炸豬排蓋飯淋上了多明格拉斯醬。先將大里肌肉剁成碎肉，然後像製作維也納小香腸似地，捏成一口大小，插在竹籤上。接著，沾上昆布和柴魚湯調成的液體，並裹上新鮮和乾燥這兩種麵包粉，這麼一來，水分蒸發會使湯汁風味或肉的甜味更加濃縮。淋在炸豬排上的是和風醬汁（去筋的肉和蔬菜熬煮後，並以醬油、味醂調味而得），味道清爽，淋在炸豬排上反而更能吃出豬排的香濃好味道。

高麗菜、炸豬排、味噌醬汁
搭配得最和諧的絕品美食

鐵板炸豬排套餐

●1785日圓●

名古屋超人氣「矢場豚味噌炸豬排（みそかつ 矢場とん）」的經典菜色。先將高麗菜鋪在熱騰騰的鐵板上，再將剛炸好的厚片大里肌炸豬排擺在高麗菜上，上桌前淋上味噌醬汁，讓烤焦的高麗菜味道挑動顧客的食慾。肉質軟嫩，一口咬下就感受得到鮮甜味道。微微地裹著酥脆的外皮，和香味濃郁且甜度適中的味噌醬搭配出絕妙的好滋味。堪稱此套餐命脈的味噌醬，是根據每天用量以及以熟成期長達1年半的天然釀造豆瓣醬所調配而成。

軟嫩滑潤的炸豬排上撒鹽調味後
一口咬下肉香四溢、滿口生香

厚片大里肌日式炸豬排

●1820日圓●

使用厚4cm、重190g的厚片大里肌肉。以低溫慢火油炸而處理出軟嫩多汁、一口咬下就會肉汁四溢的炸豬排。吃起來一點也不覺得油膩，其原因就在於炸油。使用玉米油和芝麻油混合而成的炸油，不僅瀝油狀況佳，還可炸出酥脆爽口的麵衣。撒上鹽份較強法國產鹽巴便能享受到更鮮甜潤口的肉味。傳承著赤坂午餐名店「旬香亭」所悉心栽培出來的技術卻也創造出西餐廳嶄新的炸豬排風味。

和多明格拉斯醬完全融合為一體
烹調出香酥鬆軟口感的炸豬排

大里肌日式炸豬排

●980日圓●

日本西餐廳創始店「たいめいけん」的大里肌日式炸豬排，自創業以來未曾改變過味道，一直維持著使用多明格拉斯醬之傳統。為了充分運用肉的鮮美味道和口感，炸豬排時都裹上極細粒麵包粉，炸出了既清新卻又讓人清楚感受到豬油風味的麵衣。為此套餐畫龍點睛的就是多明格拉斯醬。利用完全溶入牛肉和蔬菜甘甜味道的柔潤味道和獨特的烤肉感覺來提升炸豬排風味。盛盤配菜為知名料理菜色之一的「涼拌菜絲」。

作法 P90

小里肌肉的鮮甜味道、美味多汁的感覺
淋漓盡致地引出的一道絕品美味

小里肌日式炸豬排套餐

●2600日圓●

將「一口小里肌炸豬排」成功推向世界的店家。創業時的味道和技術傳承至今。麵包粉就是其中之一。為了避免破壞肉排味道，特別訂購糖分較低的新鮮麵包粉。此外，使用的炸油是風味絕佳、香氣濃郁、純度100％的「棉籽油」，炸出來的外皮格外酥脆爽口、肉排香濃多汁，一點也不像是用小里肌肉炸出來的豬排。醬汁也非常有特色，是蘋果及洋蔥所熬煮出的濃郁順口的甘甜味道，既增添了豬排風味又完全不會搶走肉品的美味。

「肉質軟嫩、美味多汁、不油不膩！」
名聞遐邇的煎烤豬排

味噌煎烤豬排套餐（上）

●1470日圓●

將肉排擺在鐵板上，淋上少許豬油和沙拉油所調成的油料，邊淋油邊煎烤「煎烤豬排」。煎烤豬排口感比較清爽，不像炸豬排那麼油膩。採用這種烹調方法也可將豬肉的鮮甜味道鎖在麵衣裡面，烹調出更軟嫩多汁的豬排。蓬鬆細緻不黏牙的麵衣和店家特調醬汁（即紅味噌加上和牛筋肉熬出濃濃香氣後，再加上冰糖或白蘿蔔甜味）完全融合在一起而凸顯出肉的絕美風味。除上述佐料外，店家還調配了醬汁口味及柑橘醋蘿蔔泥口味這兩種醬料。

以味噌佐料提味使肉味更為香濃
蔥花緩和了佐料的甜味

日式味噌炸豬排套餐（小）

●1450日圓●

使用嚴選黑毛豬、三河豬大里肌肉的炸豬排專賣店。招牌菜「味噌口味日式炸豬排」搭配高麗菜絲和堆得像座小山且幾乎看不到豬排的蔥花。使用的炸油為米油，炸出了香酥脆口卻完全沒有負擔的口感。脂肪少、味道清淡的豬肉，因為加上了八丁味噌、五花肉、冰糖等經過熬煮半天所特製的味噌佐料，吃起來味道更香甜濃郁。另一方面，蔥花的清脆口感巧妙地中和了佐料過於強烈的味道。

可實際品嚐到肉排的軟嫩甘美味道
物超所值的套餐

大里肌日式炸豬排套餐

●1400日圓●

長達50年的知名老店。豬肉、麵包粉、炸油……等，店家總是以最嚴謹的態度挑選最適合炸豬排的素材，不斷追求「道地炸豬排法」。肉品為肉質軟嫩、肉味鮮甜的茨城產「大約克夏種」。大里肌肉香氣濃郁，呈適度霜降狀態。將大里肌肉切成厚片，裹上依照每天用量現碾的麵包粉，炸出香酥的豬排。炸油為脂肪加熱後榨出來的自製豬油。炸出來的豬排風味特別香濃。套餐還附上白飯、豬肉味噌湯、每天變換菜色的三碟小菜或甜點、醬菜。

以店家自製豬油為炸油
原精肉店老闆鑑定過的日式炸豬排

日式味噌炸豬排

●1250日圓●

受讚為「完全不會造成胃部負擔的炸豬排」，都是店家每天早上5點後將豬的背部和腹部脂肪切成小塊熬出豬油後炸出來的。製作大口咬下後豬油香味就會在口中擴散開來的炸豬排時，用的是經營精肉店38年的店老闆所長年累積的豬肉辨識眼光所挑選的上等大里肌肉。客人點餐後才裹上粗粒麵包粉，以獨到的油炸技巧，炸出酥脆鬆軟口感，更因淋上以高湯稀釋八丁味噌後添加砂糖所熬煮出來的店家特調味噌醬汁，使炸豬排吃起來更香濃潤口。

熬煮出軟嫩口感後才油炸
吃起來感覺很不一樣的日式炸豬排

令人垂涎三尺的知名日式炸豬排

●500日圓●

因不惜工本的處理態度和好價格而把客人從大老遠的地方吸引過來的絕品午餐。首先，利用洋蔥等蔬菜及和風高湯燉煮豬五花肉約5個小時，再將豬肉裹上麵衣，炸成酥酥脆脆的，是吃起來感覺很不一樣的炸豬排。炸出軟嫩多汁，入口即化，和風高湯味道和肉的鮮甜味道在口中融合，豬排好吃到令人垂涎三尺。附白飯、味噌湯、副餐（店家自製咖哩、生蛋、煮物任選一道）、醬菜。

原本清新淡雅的豬肉味道
因為添加甜味較強勁的醬油而變得更香濃

新潟佐料日式炸豬排蓋飯套餐

●1100日圓●

販賣新潟特產或提供鄉土料理的直營店才吃得到的炸豬排蓋飯。使用新潟縣生產的「越後餅豬」品牌豬肉，該豬肉主要特徵為肉質軟嫩多汁，脂肪清爽不油膩。生產者將肉品處理到適合食用狀態才從新潟縣直接送往店家。將大里肌肉拍成薄片後慢慢炸熟，再沾上沾醬（此沾醬添加有砂糖或味醂，吃起來有甜味較重的醬油味），即可享受完全釋放了優質肉品的炸豬排的鮮美味道。炊煮白飯的米當然是魚沼產越光米。

猪肉、麵包粉、鹽、炸油……任何小細節都不放過
顯見店家對材料之堅持

160g大里肌日式炸豬排午餐

●1239日圓●

名古屋歷史相當悠久的西餐廳「マ・メゾン」開的炸豬排專賣店。讓嚴選新鮮肉品在店內熟成，在肉品風味完全釋放的狀態下使用。先以礦物質含量豐富的岩鹽調味，引出肉的鮮甜味道。裹上粗粒麵包粉，只用玉米沙拉油炸過，將外皮炸出清香酥脆的絕妙口感。享用時可依個人喜好撒上岩鹽或沾上店家特製的兩種炸豬排醬。提供的白飯是用店裡的大鍋所炊煮出來的越光米飯。

怡人的香氣、清爽的口感
追求豬肉的極致美味！

小里肌日式炸豬排

●1800日圓●

使用肉質軟嫩、油脂清新、味道鮮甜的國產餅豬。每天嚴選肉品後採購。選用粗粒麵包粉是為了充分運用麵衣口感。放入160℃低溫油鍋中，慢慢地炸出炸豬排，其肉片和麵衣貼合得恰到好處且完全不剝離。質地精純的最高級棉籽油中添加少量的芝麻油，因而炸出了清爽不油膩卻又耐人尋味的好滋味。優質肉品的鮮美味道和風味濃郁的麵衣做出了最完美的搭配。可沾醬汁、柑橘醋蘿蔔泥或撒上鹽巴，三種調味方式任君選擇。

使用特製醬油口味的佐料
蓋飯口感變得更柔和滑潤

兩段式盛盤的日式炸豬排蓋飯

●1000日圓●

因在東京推出新潟縣吃法的炸豬排蓋飯而成為話題店。這是一道白飯之間夾著炸豬排、份量十足的炸豬排蓋飯。使用的肉片是向肉品加工廠訂購的，該肉片先切成小塊，再拍成薄片，然後裹上特調香料和麵包粉狀態。在接受點餐後才放入豬油中炸，炸出來的口感香嫩酥脆。再將豬排沾上店家以佐料或砂糖等所精心調配的甜甜辣辣的醬油口味的醬料後，才擺在蓋飯上。甜味和香料的味道做了最和諧完美的搭配。

【第二章】

名店・人氣店的油炸食品

油炸食品以可樂餅最具代表性食物，是一種雖大眾化卻又讓人覺得挺講究的庶民料理。本章將從炸牛排、奶油可樂餅、炸蝦……等最典型油炸食品一直介紹到創意十足的各種油炸食品。

入口後濃郁香氣就整個擴散開來
平易近人的老店味道

蟹肉可樂餅

●1360日圓●

熬煮得非常濃稠的白醬，加入蟹肉片、鱈場蟹肉、用奶油炒過的芹菜和洋蔥、切碎的水煮蛋，調配出令人懷念的味道。放入店家用沙拉油和豬油所調配出來的炸油中，炸成外皮酥脆、內餡鬆軟的口感，佐以花費許多時間所熬煮的多明格拉斯醬也超級對味。最大魅力在於濃郁香氣。即使是涼掉了依然風味不減，這是最令人激賞之處。

比生的牛排更美味！
炸成半生熟的神戶產炸牛排

炸牛排

●1200 日圓（外加 100 日圓附 ALE）●

一人份使用65g肉質軟嫩的神戶牛內側腿肉。切成厚5mm的肉片經拍打後裹上麵衣，放入加熱至180℃的豬油中炸約30秒。炸成的炸牛排風味絕佳，肉質軟嫩到讓人誤以為是牛排生吃。佐以微微散發著甘甜香味的多明格拉斯醬也非常對味。「ALE」是一種義大利麵（製作法：利用多明格拉斯醬炒過後，打入雞蛋，攪拌至半熟狀態），是常客才知道的附餐。◎赤ちゃん ——店名，意指寶寶，嬰兒。

「30秒就完成的炸牛排」
大排長龍的商業午餐人氣菜色

炸牛排商業套餐

●1200日圓●

將120g的大里肌肉放入210℃高溫油鍋中，迅速炸上30秒，將裡面的肉片炸至三分熟，炸成鮮美多汁且肉質軟嫩的炸牛排。將外皮炸出細緻酥脆的獨特口感。使用豬油、紅花油和白絞油所調配出來的炸油。抹上附在盤子邊的哇沙米後沾上醬油或沾上店家自製沾醬，即可享受兩種截然不同的好滋味。以份量十足和上菜速度快而博得周邊上班族的喜愛。

炸出鬆軟口感
三元豬碎肉排

美味多汁的三元豬炸碎肉排

●午餐（套餐）1200日圓●

裹上粗粒麵包粉，炸得香濃酥脆的麵衣，包裹著美味多汁、香氣四溢的超人氣碎肉排。麵皮的做法是三元豬的絞肉添加新鮮高麗菜和洋蔥末，再撒上黑胡椒粉、肉桂粉和鹽湖生產的鹽調味。使勁地揉麵以營造鬆軟綿密的口感為其特色。上餐時會附上好幾種醬料所調配出來的店家獨門醬料。附餐為蕎麥麵（每天變換口味）、白飯、味噌湯、醬菜（新醃的）、甜點。

以香菇蒂頭和蔬菜為餡料
充滿健康概念的酥炸素排

酥炸素排

●500日圓●

店裡的招牌菜之一，製作手法於台灣的素食餐廳廣泛採用。以乾的香菇蒂頭為餡料，並添加荸薺、紅蘿蔔、蓮藕、山藥等蔬果素材。將麵糰桿成厚約1cm的橢圓形麵皮，並於蒸過後才裹上麵包粉油炸。不使用豬肉依然能炸出甘潤芳香、外型飽滿、口感像可樂餅的好味道。充滿健康概念故大受歡迎。另有套餐（1100日圓）可供選擇。

油炸食品店創作出來的豆腐料理
因味道清甜甘美而讓男女老少讚不絕口

炸豆腐排套餐

●1200日圓●

將絞肉夾在豆腐之中，裹上麵包粉，先以160℃油溫炸過，再以170℃炸熟。將豆腐排放入陶鍋燉煮，之後打入雞蛋，熬煮成豬排風味餐。店家使用的是以「杓豆腐」聞名的箱根「銀豆腐」是特別定製的。細緻滑嫩的口感，加上帶著肉的香味和甜味的鮮甜味道，吃上一口，一股清新甘甜的味道會在口中擴散開來。再加上麵衣所散發的香氣、雞蛋的滑潤口感、洋蔥的甜味等，美味程度大幅提升。

運用高溫油炸技巧
率直地呈現素材的鮮美味道！

酥炸星鰻

●3675 日圓●

菜單上琳琅滿目地羅列著魚貝類等當令嚴選美味的『ぽん多本家』。酥炸星鰻餐採用的是長達20cm且長度幾乎超過盤面的2尾繁星糯鰻。從背部剖開，只撒上少許的鹽巴和胡椒粉，且為了充分運用食材本身的味道，完全省去不必要的調味。處理後裹上麵衣，放入混合著豬油和牛油的高溫油鍋中快速炸熟。享受過輕輕一咬就斷的酥脆口感後，就會有一股東京風味的濃郁鰻魚味道在口中擴散開來。撒上鹽巴當下酒菜，配飯時沾渥斯特醬，吃起來最對味。

酥脆的外皮和細緻綿密的口感
讓塞滿蟹肉鮮美味道的餡料呈現最經典的演出

奶油蟹肉可樂餅

●1680日圓●

這是一家超人氣西餐廳，該餐廳道道的美味佳餚是經嚴選食材及耗時精心烹調而成。店裡的奶油蟹肉可樂餅的最大魅力在於外皮和內餡口感。以100％沙拉油為炸油，炸出的口感酥脆鬆軟和略帶嚼勁。內餡口感細緻綿軟，吃進嘴裡就融化開來似地，散發著濃濃的白醬香味。而且，從鱈場蟹肉所釋放出來的鮮美味道一滴不留地完全熬入沾醬當中，所以，咬上一口，嘴裡就會充滿香濃無比的好滋味。

口感香酥鬆軟的麵衣
忠實地傳遞著蝦子的鮮甜滋味

酥炸鮮蝦

●980日圓●

昭和25年（1950年）從一家賣魚的舖子起家。目前，已經擴大營業成既是食堂又是旅館的「まるは食堂旅館」。炸蝦為店裡的超人氣招牌菜，生意最好的時候1天可賣上5000尾，受歡迎的秘密在於蝦子又大尾又便宜。使用的大明蝦最粗部位直徑有30mm以上，尺寸有6－8。一人份有2尾，每份980日圓，可依個人喜好點餐（1尾亦可）。大口咬下後就會發現麵衣裹得非常薄的滿口「鮮蝦」。裹麵粉前先沾上了店家祕傳調味料，更炸出了值得細細品味的好滋味。

好像用什麼神奇招數似地
炸出清爽的好味道

牛肉可樂餅

●800日圓●

因為炸蝦加上綠紫蘇葉等素材而受讚為做出「意想不到的好味道」的西餐廳。店家推出許多外觀看起來中規中矩但吃吃看之後才發現相當特別的菜色。牛肉可樂餅也是其中之一。蒸煮後搗碎的男爵薯（馬鈴薯種類之一）拌入番茄泥和多米格拉斯醬，適度地增添酸味和濃稠度，再拌入切碎的牛里肌肉。為了避免破壞食材本身的味道，使用大豆白絞油和沙拉油所混合而成的炸油，炸出了清爽的口感。價格也是另一項吸引人之處。

將雞胸肉的美味和中藥食材的藥效
完全鎖在芡汁裡頭

中藥精力湯燴雞排

●1000日圓（午餐。晚餐1250日圓）●

將白飯和炸雞排盛在同一個盤子上，然後淋上芡汁的獨特菜色。炸雞排部分使用的雞肉即使是雞胸肉，也是鹿兒島生產的軟嫩多汁的雞肉。使用米油和黑豬豬油所混合而成的炸油，炸出酥脆鬆軟的口感和香噴噴的味道。芡汁是以八目鰻萃取液、桂皮、山楂等多種中藥食材熬煮的藥膳為湯底，再以添加了雞骨高湯、當令蔬菜和枸杞等素材所芶出來的芡汁提升炸雞排的風味。

確實做好食材的前處理作業
才能烹煮出值得深深品味的好味道

無菜單的美食

右起：大明蝦、鮭魚（上加芥末醬、油炸巴西里、鮭魚卵）、琵琶鱒、紫蘇捲（上加巴西里和西洋芹沙拉醬）

●1串210～609日圓●

使用最頂級食材的炸串排，每天準備35～40種。而且，使用的素材皆經一個個燙煮或花費一番功夫去除腥味後才調味。以豬肉為例，使用的豬肉都先經過散發香味的蔬菜、醬油和日本酒混合的調味料浸泡，待浸泡出濃濃的香氣再放入店家以好幾種油料調配出來的炸油中，炸成香噴噴的。油炸時只薄薄地裹上麵衣，希望忠實呈現食材的鮮美味道和口感。店家以高超的技術和堅持將曾為大眾料理的炸串排成功推升至奢華料理的境界。

塔塔醬微妙地包覆著
頂級素材的味道和口感

酥炸大明蝦（一份3尾）

●5000日圓●

使用「たいめいけん」特製的新鮮細粒麵包粉，因此，可直接享受裹上薄薄麵衣、味道非常鮮美、吃起來Q嫩彈牙的蝦肉。誠如廣告詞──「美味關鍵就在於塔塔醬」，沙拉醬中添加沾醬（內含切碎的水煮蛋、洋蔥或西式醋漬醬菜等成份；味道濃郁且口感滑潤），搭配出西餐廳最自豪的經典菜色。長達20cm的國產大明蝦、涼拌菜絲、馬鈴薯沙拉，一起盛盤的奢華菜色，僅限二樓的客人點餐。

作法 P94

【第三章】

日式炸豬排及油炸食品的基本烹調技術

日式炸豬排及油炸食品的製作流程並不複雜，不過，據說，即便是料理專家也很難將這類食品烹調得很好吃。本單元的敘述重點將鎖定在「如何把大家最熟悉的『油炸食品』烹調成美味佳餚」的注意事項或要點上，為您從最基本的烹調方法解說起。

技術指導／江上料理學院

小里肌日式炸豬排

豬排專門店的基本菜色。只使用脂肪較少的部位，因此，油炸時務必留意，以免因油炸過度而炸成硬梆梆的豬排。

●材料【1人份】

小里肌肉…100g、麵粉、蛋汁、麵包粉、炸油

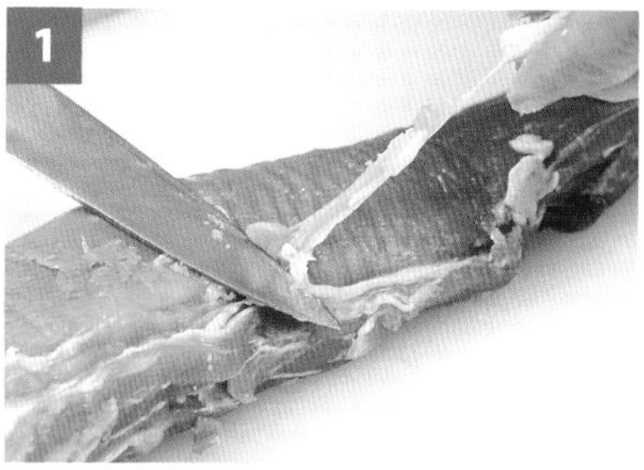

1

小里肌附著筋膜等，炸出來的豬排就不好吃，因此必須做好前處理工作。先從較粗的一頭開始剔除附在小里肌上的薄皮或筋膜，再切除附著在四周的脂肪。切掉的部分可絞成碎肉後善加利用。

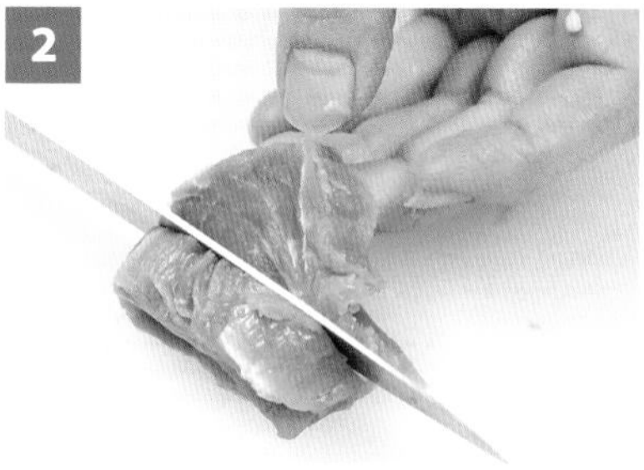

2

從較粗的一頭開始分切，先切成厚2cm的肉塊，然後在肉塊正中央劃上一刀。

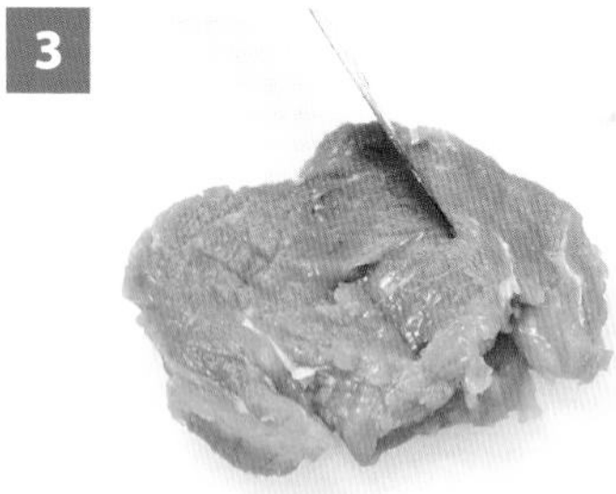

3

從切口處攤開肉塊，切斷中央的白色筋膜，以避免油炸時肉片緊縮。

4

拿起肉鎚，輕輕將肉塊拍打成肉片。經過拍打除可調整肉片形狀，還可獲得更軟嫩的口感。

5

沾上麵粉。肉片確實沾上麵粉，再以雙手拍掉多餘粉料，拍到微微透出肉色為止。

6

將肉片沾上蛋汁後，均勻地裹上麵包粉。

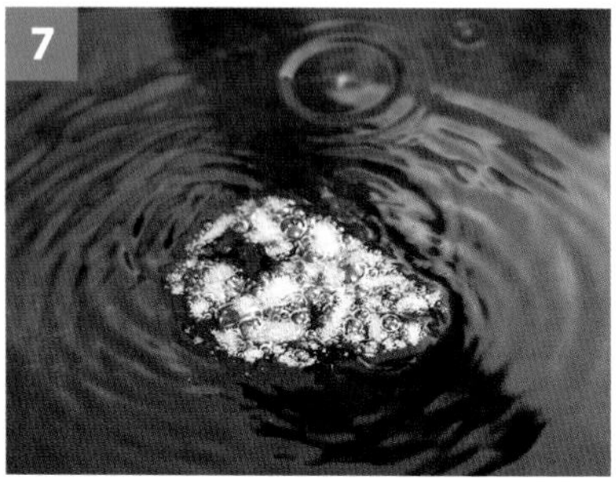

7

油炸溫度約170～175℃。將麵包粉投入油鍋，麵包粉沈入鍋底後立即浮出表面，以此作為熱油的大致基準。

8

微微上色後翻面。小里肌豬排容易炸熟，因此，油鍋的泡沫變小就是該起鍋的時候。

完成囉！

大里肌日式炸豬排

深受豬排愛好者喜愛的人氣菜色。確實做好前處理工作以便炸出漂亮的豬排。

●材料【1人份】

大里肌肉…約150g、食鹽、胡椒粉、麵粉、蛋汁、麵包粉

1

這回使用的是厚約1.5cm、重約150g的大里肌肉。前處理階段就切斷筋膜。肉片易因加熱而緊縮，因此，必須在肉片的正反面各劃上數刀，確實剁斷瘦肉和脂肪之間的筋膜。

2

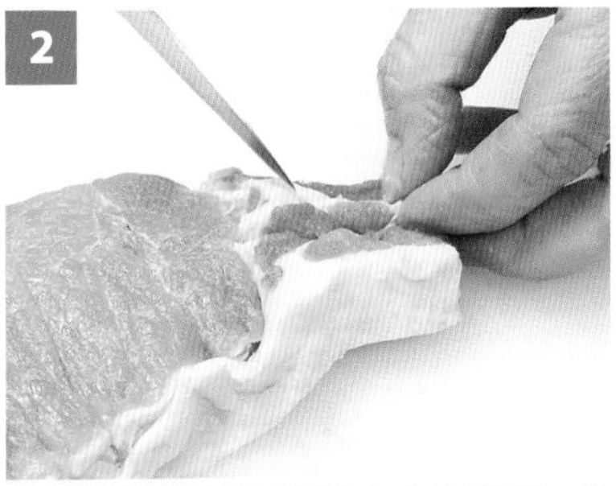

尾端部位（較細的部位）也有筋膜，必須事先剁斷。

3

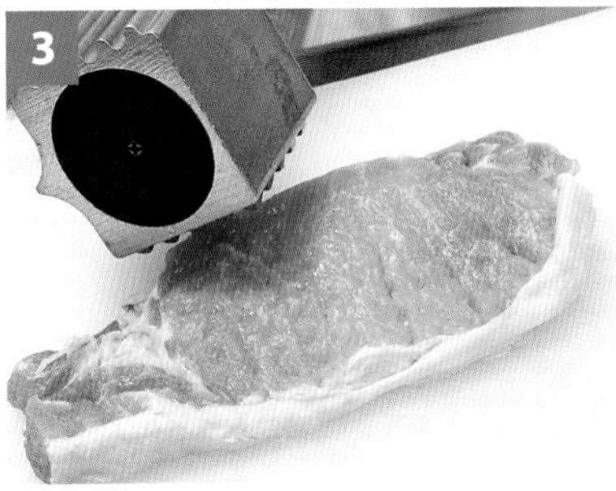

以肉鎚輕輕拍打、延展肉片，再用手調整肉片形狀。

4

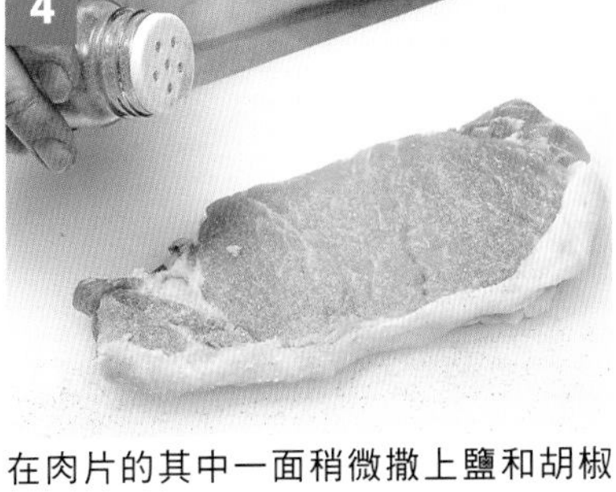

在肉片的其中一面稍微撒上鹽和胡椒粉。

5

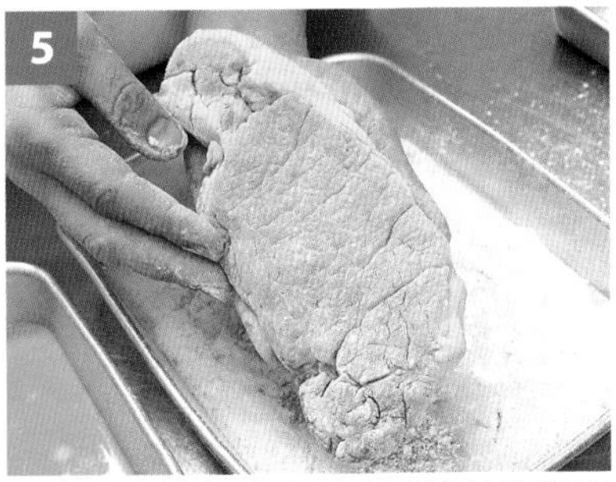

麵衣的裹法如同小里肌豬排的裹粉要領。沾上麵粉後，以雙手拍掉多餘的粉料，至透出肉色為止。

6

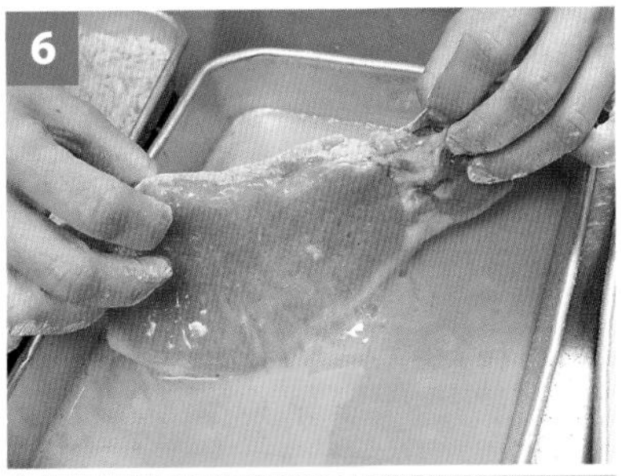

沾上蛋汁後，雙手按壓麵包粉似地，將肉片均勻裹上麵包粉。尾端部位也確實裹粉並調整肉片形狀。製作此類炸豬排時，建議使用質地較粗的麵包粉。

7

盛盤時朝著上方的面（尾端部位朝右）先炸。油炸溫度約170～175℃。油炸2～3分，表面微微上色後翻面。完全上色後才翻面就太遲了。

8

油炸後出現大泡泡，泡泡和聲音變小就表示該撈出豬排了。

9

手指輕輕地捏住豬排即可避免麵衣剝離，並切出漂亮的豬排。

完成囉！

牛肉可樂餅

經過仔細煸炒的洋蔥，成了這道菜的甜味來源。直到油炸為止，每個過程都必須趁熱處理。

●材料【4人份】

馬鈴薯…500g、洋蔥…中型1/2個、奶油…1大匙、牛絞肉…150g、鹽…約1/2小匙、胡椒粉…少許

1

將洋蔥切成碎末後，利用奶油仔細地煸炒。洋蔥的甜味和可樂餅好不好吃關係匪淺。

2

煸炒至金黃色後，加入絞肉，繼續翻炒。

3

一直翻炒到絞肉變色為止，再以鹽和胡椒粉調味。必須確實調好味道才冷卻，以便用來搭配馬鈴薯。

4

馬鈴薯連同外皮一起蒸煮。相較於水煮，蒸的馬鈴薯水分較少，可製作出口感更鬆軟綿密的可樂餅。蒸煮時間視馬鈴薯大小或蒸鍋而定，圖中份量約需蒸煮20分鐘。

5

趁熱剝皮。近年來，市面上買得到專用於剝皮的手套。剝皮後利用搗碎器將馬鈴薯搗碎。冷卻後就不容易搗碎，因此，最好趁熱處理。

6

將已經冷卻的步驟3拌入步驟5後，攪拌均勻。可事先將炒好的材料放入淺盤等容器中，再將材料攤開後冷卻備用。未冷卻就油炸的話，易導致可樂餅破裂。

7

將步驟5分成4～5等分後，揉成糰狀，再調整為橢圓形。相較於長橢圓形可樂餅，橢圓形的可樂餅盛盤更美觀。

8

油炸前才將整個可樂餅薄薄地沾上麵粉。避免在沾粉狀態下擺放。

9

沾上蛋汁，裹上麵包粉。動作務必輕柔以免破壞可樂餅形狀。

10

將炸油加熱至180℃左右。將麵包粉投入油鍋之中，麵包粉立即浮出表面並嘩地擴散開來，以此作為熱油的大致基準。超過此溫度，可樂餅將立即燒焦，務必留意。可樂餅表面炸出酥脆口感時，即可撈出。

完成囉！

奶油蟹肉可樂餅

重點為白醬濃稠度。必須考慮調出來的白醬和餡料搭不搭調。比一般焗烤菜餚更濃稠為其製作訣竅。

●材料【4人份】

螃蟹（帶殼的冷凍松葉蟹）…200g、水煮蛋…1個、奶油…30g、麵粉…30g、牛奶…1.5C、鮮奶油…2大匙、鹽…2/3小匙～1小匙、胡椒粉、麵粉、麵包粉、蛋汁、炸油

1

挖出蟹肉，去除軟骨，約略地剝成大塊，水煮蛋切碎備用。溶解奶油，倒入記載份量的麵粉後拌炒，拌炒至冒泡狀態即表示麵粉已經炒熟。

2

將麵粉炒熟後，少量多次地慢慢倒入牛奶。建議初學者事先加熱備用。此外，比第一次加入更多牛奶。先前加入的牛奶和麵粉必須完全攪拌均勻，以免炒出結成塊狀的麵糊。接著，必須往相同方向攪拌。在鍋裡寫「川」字似地來回攪拌就能拌出均勻的麵糊。

3

製作餡料時，必須添加的麵粉比製作一般白醬時還要加倍。加倍添加麵粉才能熬出水分較少、比一般白醬更濃稠且更容易塑型的餡料。

4

拌炒出光澤後，加入鮮奶油、蟹肉和水煮蛋。添加水煮蛋除可吸收水分外，還可增加份量和香濃度。最後，一邊以鹽和胡椒粉調味，一邊考慮調出來的味道和沾醬味道搭不搭調。

5

倒入淺盤中，攤開冷卻後覆蓋保鮮膜，再放入冰箱充分冷卻。

6

將步驟5分成8～10等分，揉成長橢圓形，一邊成形一邊沾上麵粉。

7

沾上蛋汁後輕輕地裹上麵包粉。

8

油炸溫度為170～175℃左右。必須炸到裡面完全熱透，油炸溫度太高時易因內餡溶出而出現破裂。辨別油溫是重點。必須比牛肉可樂餅等炸出的色澤還要淺。

完成囉！

炸碎肉排

只使用肉和洋蔥的炸碎肉排基本作法，亦可添加高麗菜等食材做出不同的變化，重點是必須炸出美味多汁的碎肉排。

●材料【4人份】

豬牛絞肉…300g、洋蔥…50g、麵包粉…30g、牛奶1大匙、雞蛋…1個、麵粉、蛋汁、麵包粉

以牛奶潤濕麵包粉後備用。此過程可避免餡料收縮，拌出更柔軟的餡料。

將步驟1倒入裝著豬牛絞肉、洋蔥末和雞蛋的調理缽中，先撒入鹽和胡椒粉，再依個人喜好撒入荳蔻粉後攪拌均勻。只使用牛絞肉也OK！

用手將餡料揉成糰狀，邊揉邊釋放空氣，將形狀調整為橢圓形。

油炸前才薄薄地沾上麵粉。避免沾粉後擺放。

沾上蛋汁後裹上麵包粉，裹成薄薄的、蓬鬆的樣子。

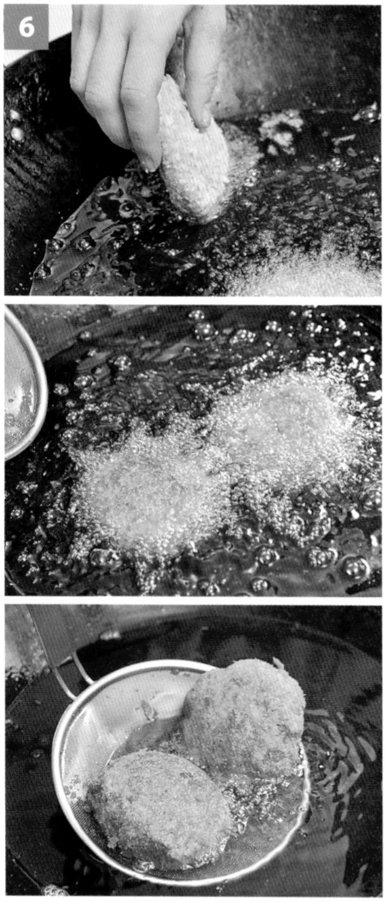

油炸溫度為170～180℃。首先，將碎肉排沈入鍋底，油鍋中冒出大泡泡，當碎肉排浮出，油炸聲變得更清脆時，就表示該撈出碎肉排了。

馬鈴薯豬肉可樂餅

可隨時改變口味的和風可樂餅。確實地做好調味工作，即可做出適合配飯或當做下酒菜的可樂餅。

●材料【1人份】

零碎的牛肉…100g

紅蘿蔔…30g、洋蔥…50g、

馬鈴薯…350g

雞蛋…1/2個

a 醬油…2又1/2大匙、酒…1又1/2大匙、砂糖…1大匙、味醂…1大匙

麵粉、蛋汁、麵包粉、炸油

1

牛肉、紅蘿蔔和洋蔥切成碎末後備用。將洋蔥和紅蘿蔔倒入油鍋中煸炒，稍微炒軟後倒入剁好的碎肉一起煸炒。

2

將材料a倒入2中，將味道再調厚重一點。

3

炒出光澤，水分揮發後熄火。重點為煸炒至水分完全揮發，以便做出口感鬆軟的可樂餅。

4

將蒸煮並搗成泥狀的馬鈴薯（參考P60）和3混合在一起後攪拌均勻。

5

將步驟4分成4等分後，用手揉成糰狀並調整成橢圓形。

6

油炸前才將整個可樂餅糰薄薄地沾上麵粉。然後，沾上蛋汁，裹上麵包粉。

7

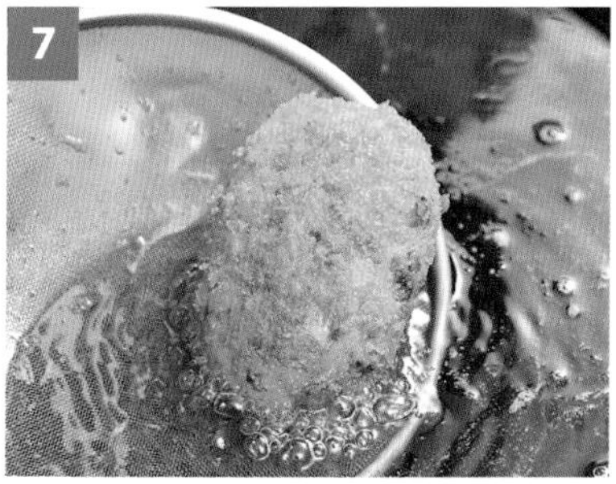

油炸溫度約180℃。將麵包粉投入油鍋後立即浮出表面，以此作為熱油的大致基準。表面炸出酥脆感即表示可以撈出可樂餅。已經調好味道，因此，可附上七味辣椒粉以取代沾醬。

完成囉！

炸蝦

從小孩到大人都愛吃的炸蝦。炸出外酥內嫩的訣竅在於細粒麵包粉。

●材料【4尾】

鮮蝦…（大）4尾、鹽…適量、麵粉、麵包粉、炸油

1

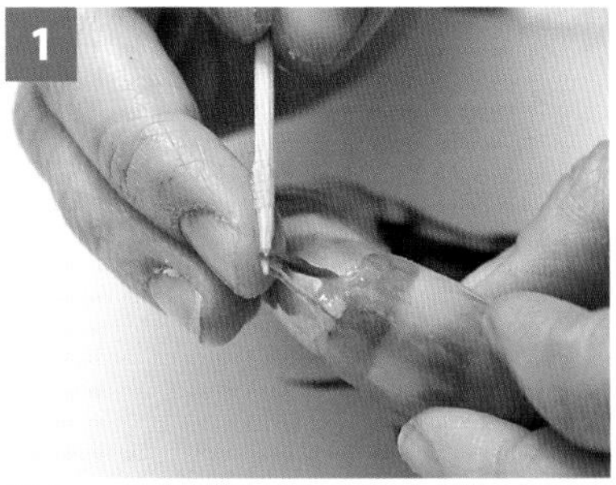

首先，處理鮮蝦。在帶殼狀態下，利用牙籤等剔除蝦背上的腸子。

2

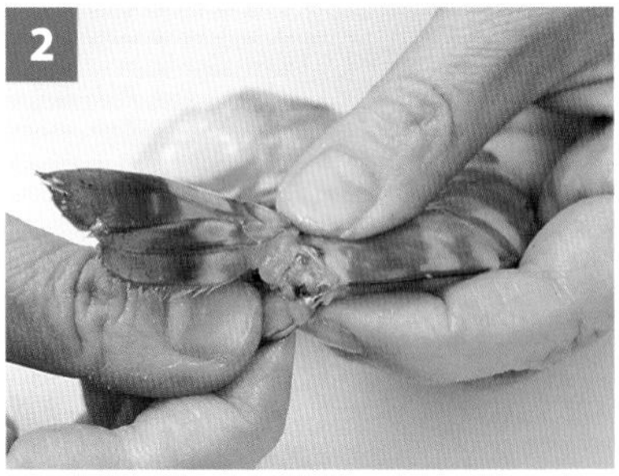

捏住蝦尾，摘除會引發油爆的尾刺。

3

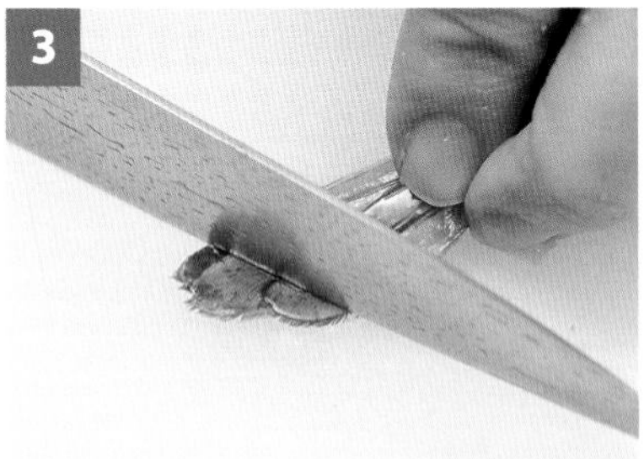

切除蝦尾端，刮掉蝦尾上的水分。忘記處理這部分的話就很容易引發油爆，因此，不管覺得多麻煩都必須處理。

4

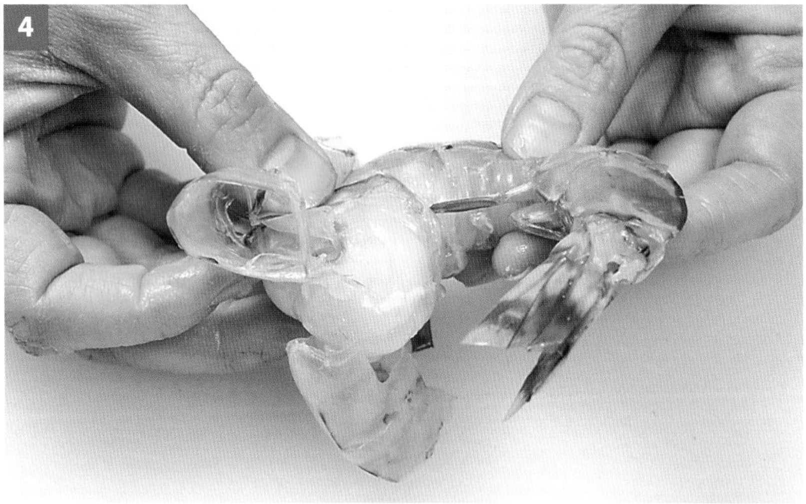

剝除蝦殼（留下蝦尾和蝦尾前端的一節蝦殼）後備用。在意冷凍蝦特殊味道的人，可於剝殼階段將蝦放入鹽水中仔細清洗，或抹上鹽巴並靜置片刻以瀝乾水分。

5

為了防止蝦體因油炸而緊縮，在明蝦腹部劃上數刀（約蝦體1/2深），接著拉直蝦體至發出「啵」聲為止。

6

擦乾整尾明蝦上的水分後撒上胡椒粉。

薄薄地沾上麵粉，然後，沾上蛋汁，裹上麵包粉。

炸蝦時蝦子很快就熟透，因此，必須以180℃高溫一口氣炸熟。蝦尾變紅，稍微上色後翻面。

高麗菜絲的切法

日式炸豬排絕對不可或缺的配菜就是高麗菜絲。學日式炸豬排前先學會高麗菜絲的基本切法吧！

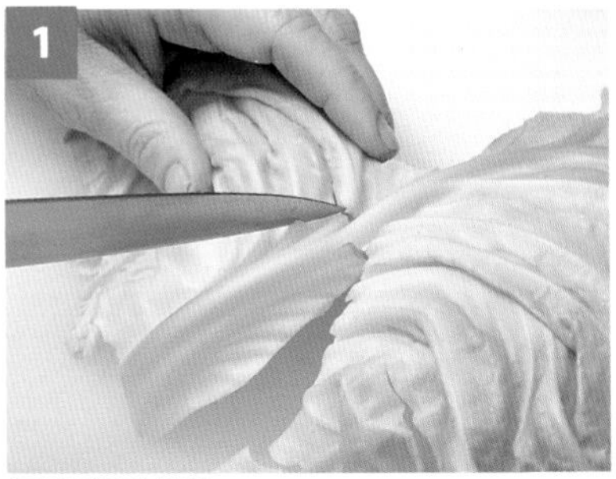

切除葉脈部位。

將高麗菜葉疊在一起並用力壓住。

切絲時，菜刀和高麗菜纖維呈垂直狀態。這麼做才能切出口感爽脆的高麗菜絲。呈平行狀態就會切出口感粗硬的菜絲。

浸泡冷水。浸泡時間宜短，以免浸泡太久導致維生素C流失。

將高麗菜絲擺在竹簍裡堆成一堆，水分就不容易瀝乾，堆成甜甜圈狀的話，水分就能輕易地瀝乾。

市售沾醬的變化吃法

<渥斯特醬+芥末醬>

市售渥斯特醬加上嗆辣味道後，調出的口味更清爽。最適合作為肉類油炸食品的沾醬。

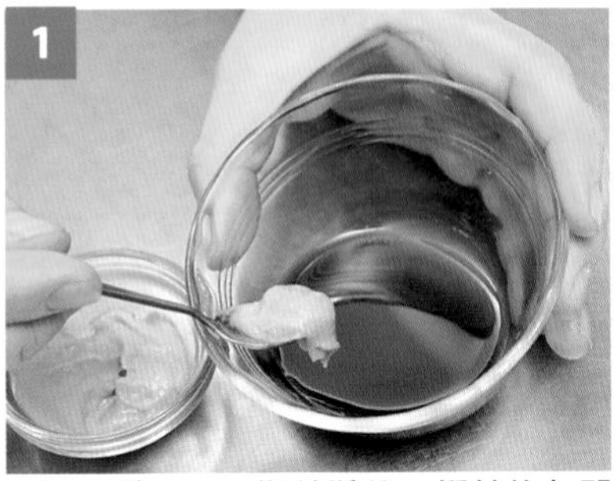

將芥末醬加入渥斯特醬後，攪拌均勻即可。

<渥斯特醬+紅酒>

酒香和渥斯特醬的濃醇香味為其主要特徵。最適合搭配碎肉排或大里肌日式炸豬排的佐料。

將紅酒倒入鍋中加熱以促使酒精成分揮發。使用料理用酒時，稍微熬煮味道更香濃。這回的調配比例為渥斯特醬2：紅酒1。

熬煮出濃稠度後，加入渥斯特醬，繼續熬煮出更濃的稠度。經過半天的熟成，味道更香濃且更好吃。

<以醬油為底的佐料>

以山葵提味，和風沾醬讓油炸食品吃起來更爽口。最適合搭配炸肉排的佐料。

將山葵泥、醋或檸檬汁等柑桔類果汁添加入醬油中。

味道太嗆辣時，視個人喜好添加白蘿蔔泥。

【第四章】

名店及超人氣店的烹調秘訣大公開

一家店能否成為名店及超人氣店，關鍵在於該店能將素材本身的味道發揮到什麼樣的境界。烹調方法大同小異，從素材的挑選到素材投入熱油的時機，各店家無不絞盡腦汁且全力以赴。本單元將為您公開這些受譽為名店或超人氣店的烹調秘技。

不油不膩的大里肌日式炸豬排的作法

徹底去除大里肌肉的油脂，充滿健康概念的炸豬排。將肉片放入添加蒜片等材料的沙拉油中浸泡一整天，以提升風味或濃醇香味。浸泡過程也具備促使肉片吸收沙拉油以軟化肉質的效果。

1 將大里肌肉的油脂剔除乾淨，分切成一人份大小並切斷肉筋。再將肉片排在淺盤裡，淋上醃肉醬汁。

2 淺盤覆蓋保鮮膜後放進冰箱醃泡一整天。

3 醃泡一整天，吸入油分後的肉片，味道更香濃，質地更軟嫩。

4 瀝乾醃泡肉片的油，沾上麵粉。

●材料

豬大里肌肉…160g
醃肉醬汁（沙拉油、蒜頭、鹽、胡椒粉）
麵衣／麵粉、雞蛋、新鮮麵包粉（粗粒）
炸油（豬油和沙拉油）
盛盤配料／高麗菜、紅高麗菜、番茄、巴西里

商品
P6

5 拍掉多餘的麵粉後沾上已經完全打散的蛋汁。

6 使用較粗粒的麵包粉。將麵包粉撥到肉片上並輕輕地按壓。

7 使用豬油和沙拉油，調配比例為6：4。將步驟**6**的肉片放入已加熱至150～160℃的油鍋中，慢火炸熟。

8 炸熟後，切成方便入口的大小。肉片切面呈現粉紅色澤。

特製豪大日式炸豬排的作法

剖開肉塊，處理成特大號肉片。處理成一般豬排的厚度才能順利地將肉片炸熟。裹上去的麵衣易因肉排太重而脫落，仔細地裹上麵衣為其製作訣竅。

1 剖開肉塊，肉塊下方沒有完全切斷。利用刀背，仔細敲打肉片，好讓肉片均勻地裹上麵衣，撒上鹽巴及胡椒粉。醃20分鐘以上以便肉片吸收味道。

2 切斷筋膜以免油炸時肉片緊縮。

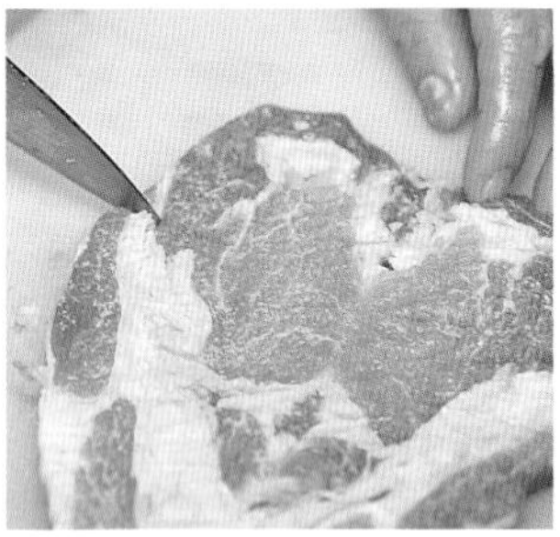

3 將已完成前處理作業的肉片沾上麵粉。兩面都均勻地沾上麵粉。

4 沾好麵粉後，輕輕拍打肉片以便拍掉多餘的粉料。

5 將步驟4的肉片放入已經完全打散的蛋汁中，均勻地沾上蛋汁。

6 肉片表面凹凸不平，粉料不容易附著，油炸時易導致麵衣破裂。因此，必須用指尖沾上蛋汁塗抹該部位。

7 裹上麵包粉。手掌心輕輕地按壓肉片，以促使裹上麵包粉。

8 裹好麵包粉的狀態。肉片的兩面都均勻裹上麵包粉。

●材料

豬的大里肌肉…２３０ｇ

鹽、胡椒粉…各適量

麵衣／麵粉、雞蛋、新鮮麵包粉

炸油（豬油和沙拉油）

盛盤配料／高麗菜、巴西里

商品
P7

9 使用的炸油為豬油和沙拉油１：１混合而成。讓肉片從鐵板滑入油鍋中，即可避免因肉片太重而導致麵衣脫落。使用油溫為１７０～１８０℃，必須稍微花點時間肉片才能炸熟。

10 肉的中心完全熟透後，肉排就會浮上油面。肉排浮上油面後，續炸片刻可促使麵衣更確實地附著在肉片上。

小里肌日式炸豬排豪華套餐的作法

纖維徹底拍鬆後形成質地軟嫩的肉片為其特徵。訣竅在於油炸過程中避免頻頻地翻動肉片，讓肉片在油鍋中游泳似地，即可炸出外型漂亮的炸豬排。

1 將完全切除脂肪的小里肌分切成一人份的肉塊重約130g。

2 將步驟1的肉塊豎起來，再利用肉鎚由上往下拍打，然後，邊切斷筋膜邊將肉塊拍成薄薄的肉片。

3 往中央推擠似地將肉片調成橢圓形。

4 菜刀輕輕敲打，把肉片表面敲得更平整。

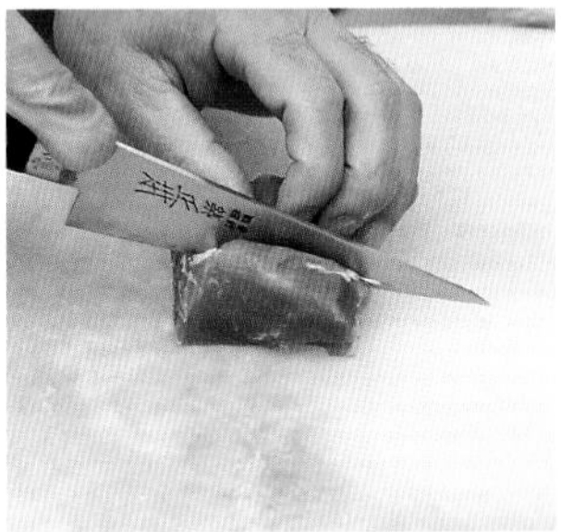

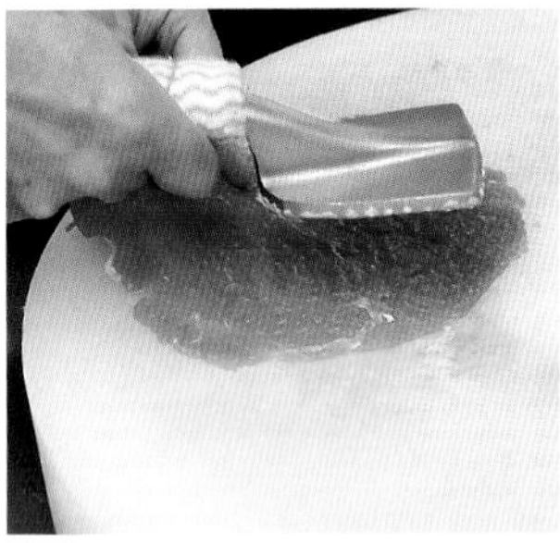

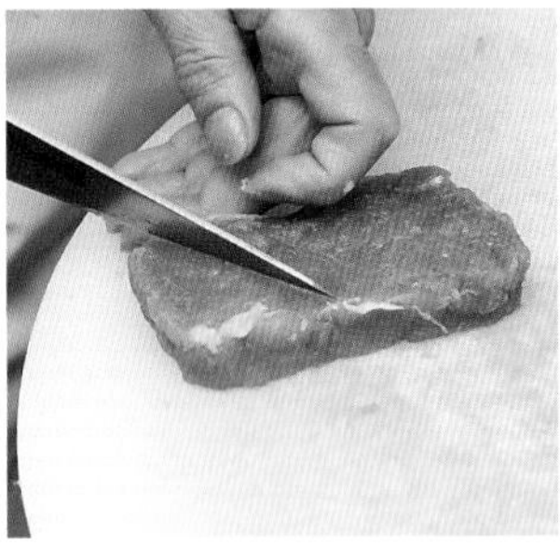

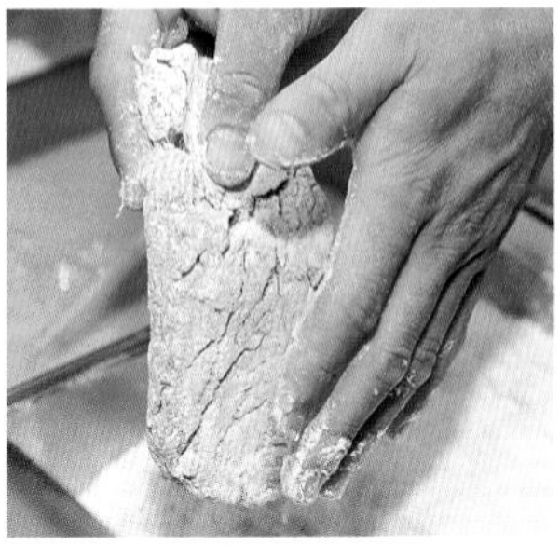

5 筷子輕輕一夾就斷了似地，纖維完全拍鬆的小里肌肉片完成了。

6 沾麵粉時，雙手支撐肉片以免破壞形狀。

7 輕拍肉排，拍掉多餘的麵粉。

8 將肉片均勻地沾上已經完全打散的蛋汁。

●材料

小里肌肉…130g

麵衣／麵粉、雞蛋

新鮮麵包粉（粗粒）

炸油（葵花油）

盛盤配料／高麗菜、嫩葉菜、

白飯、紅味噌湯、醬菜

商品
P8

9 將細粒麵包粉撥到肉片上。

10 裹麵包粉時用力按壓，即可避免麵衣脫落。

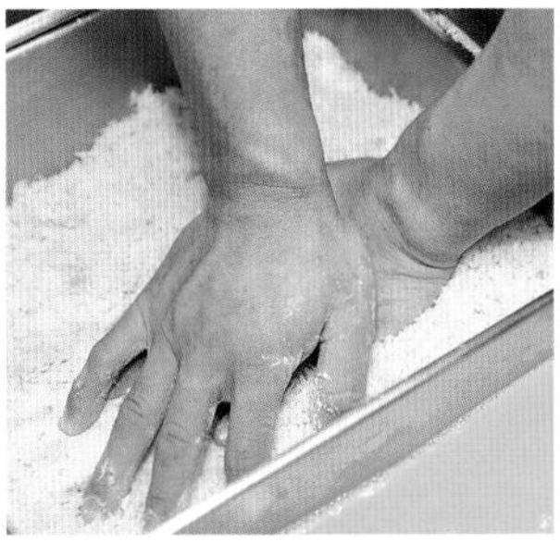

11 裹上大量的麵包粉後的狀態。

12 油炸前再次調整肉片形狀。

13 輕輕地放入160℃的葵花油中，慢慢地炸約7～8分鐘，炸至肉排浮上油面。

14 油炸過程中讓肉片在油鍋中游泳似地，避免頻頻翻動肉片。熟透後肉排就會自動地浮上油面，最後階段必須仔細觀察麵衣顏色，以判斷撈起肉排的適當時機。

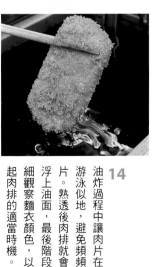

黑毛豬紙豬排始祖的作法

為了將肉片拍得薄如紙片，利用切割鮭魚的刀將肉片分切。避免肉片破裂的訣竅是「小心裹上麵衣」。利用專用炸網夾住肉片，以免將薄如紙片的豬排炸到變形或破裂。

商品 P9

●材料

豬腿肉…120g
鹽、胡椒粉…各適量
麵衣／麵粉、雞蛋
新鮮的有色麵包粉（粗粒）
炸油（沙拉油）
盛盤配料／高麗菜
特製泡菜醬汁

1 將豬腿肉肉塊分切成薄薄的肉片，去除筋膜後，利用肉鎚拍打出相同厚度。

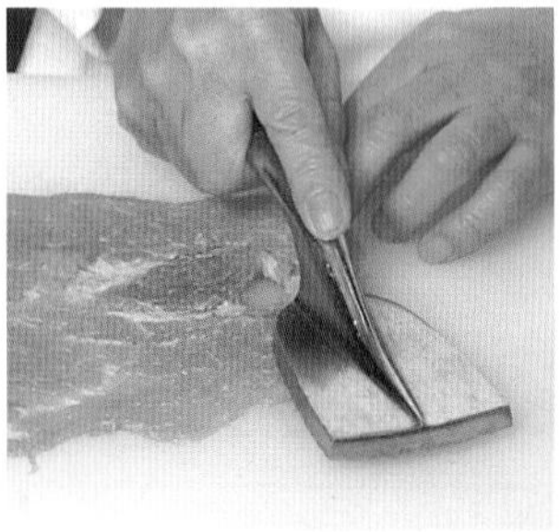

2 避免弄破肉片。雙手攤開肉片後使肉片沾上麵粉，並仔細拍掉多餘的粉料。

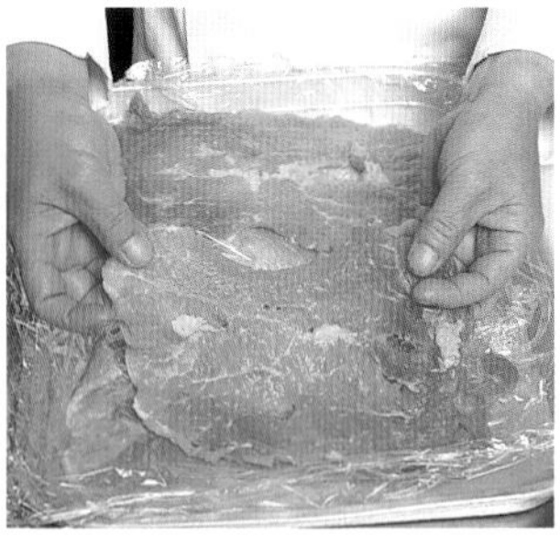

3 先將雞蛋打成均勻的蛋汁，再輕輕地將肉片沾上蛋汁，操作時務必小心，以免弄破肉片。

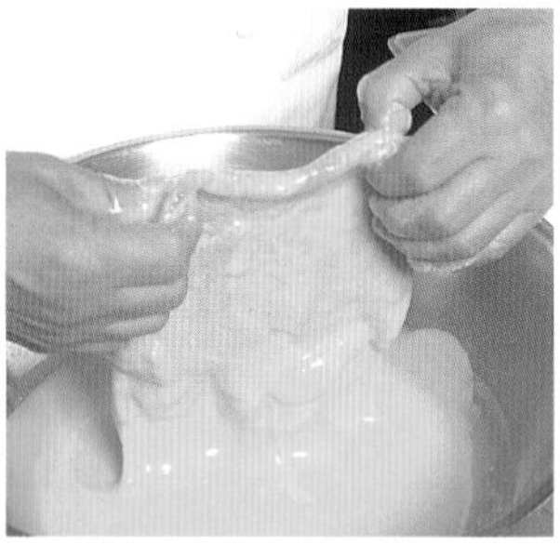

4 使用有色麵包粉即可炸出顏色更漂亮的豬排。兩面都必須均勻裹粉。

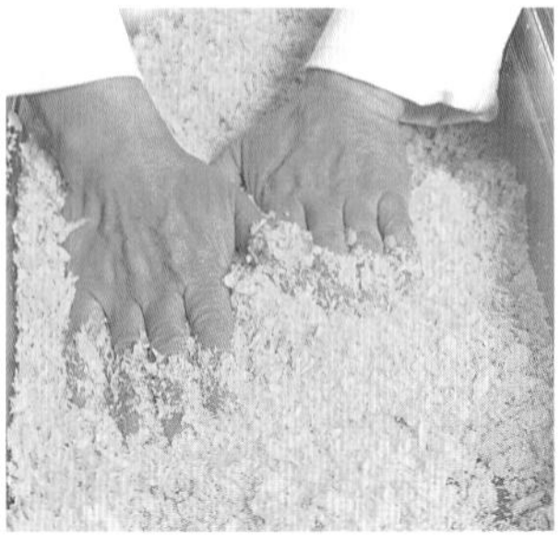

5 將肉片擺在油炸專用鐵網上，調整形狀後，修補肉片上的破洞。

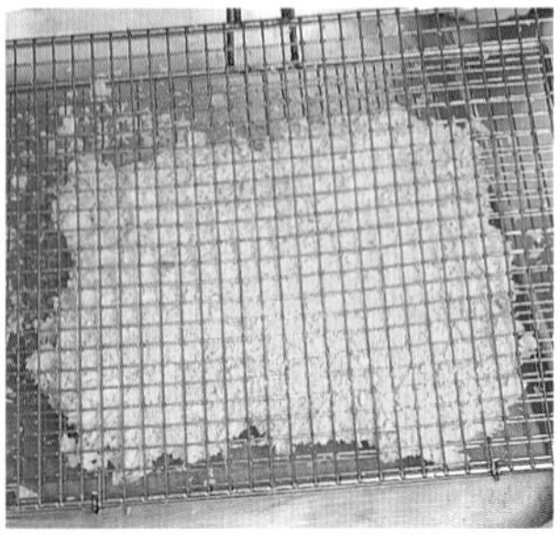

6 利用上下兩片鐵網緊緊夾住肉片，鐵網連同肉片一起放入鍋中，油炸時修補的部位自動會黏合。

7 炸油為175℃沙拉油。忙碌時，可將兩層或三層鐵網重疊在一起進行油炸。

8 將高麗菜絲拌上特製泡菜醬後盛盤，再將炸好的豬排擺在高麗菜上。以沾醬的辛辣味道取代豬排沾醬，享用美味可口的炸豬排。

勝烈套餐的作法

將小里肌肉攤開，插上竹籤後炸成方形肉排。使用大量炸油（用18公升炸油炸一條小里肌），利用保溼性能絕佳的圓筒狀鐵鍋，都是勝烈庵能炸出好吃豬排的祕密所在。

商品 P11

●材料

豬小里肌肉

麵衣／麵粉、雞蛋

新鮮麵包粉

炸油

盛盤配料／高麗菜、白飯、蜆湯、套餐的新醃醬菜

1 將一條小里肌肉上的油脂和肉筋剔除乾淨，然後切成三大塊，再將每一塊肉從側面切開。和切開肉片方向相垂直地插入2根竹籤，以避免切開的部位捲縮或斷裂。

2 手拿著竹籤，沾上麵粉和蛋汁。

3 將特製麵包碾製的粗粒麵包粉撥到肉片上。

4 油溫維持在180℃，開始油炸步驟3的肉片。炸油較多，因此，即使忙得不可開交的時候，油溫也不會下降。

5 觀察油炸狀態、聲音及麵衣顏色，以估計油炸程度。

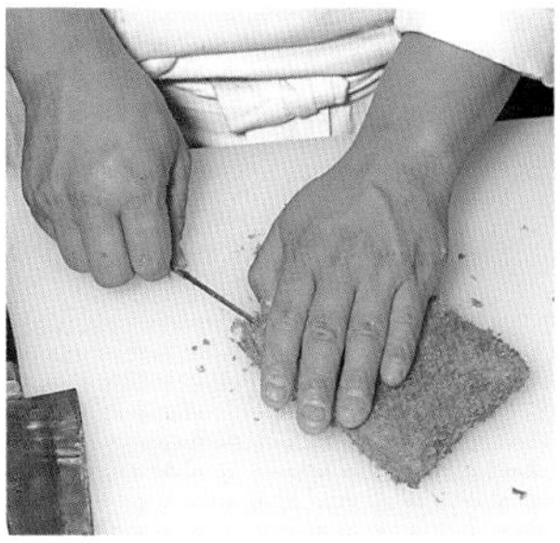

6 從油鍋中撈出肉排，拔掉竹籤，分切肉排。

日式味噌炸豬排蓋飯的作法

補充豬排炸的仔細且、用來增添風味的味噌醬可繼續補充就是此店味噌炸豬排蓋飯的命脈。必須累積豐富的經驗才能分辨是否為半熟蛋。戳破那顆半熟蛋，讓炸豬排和白飯沾滿蛋汁，接著大快朵頤一番是最經典的吃法。

1 將豬大里肌肉切成厚1㎝的肉片。要炸幾片就切幾片。

2 切斷筋膜，其中一面撒上鹽和胡椒粉。稍微多撒一點。

3 肉片先沾上麵粉，再沾上添加少許清水的蛋汁。

4 切下土司麵包的邊皮，分別將邊皮和白色部分放入攪拌器中打成麵包粉。使用粗粒麵包粉，以便炸出凹凸有致的炸豬排。

5 使用油溫為170～175℃，炸油份量約三十七公升，每次油炸2～3片。採用此油炸方法就不必擔心稍後烹煮時麵衣脫落。

6 將豬排切成一口大小，一塊肉片可切成八小塊，一人份使用六小塊。

7 將新鮮的雞蛋打入以中火持續熬煮的味噌醬汁中。一人份附上1顆雞蛋。

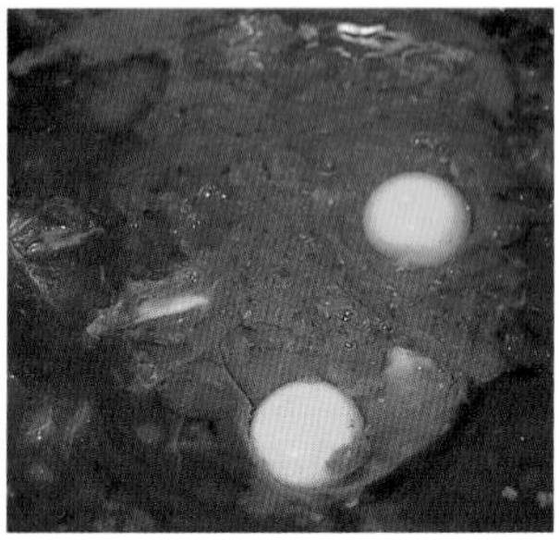

8 新鮮雞蛋打入鍋中後就會沉入鍋底，經過90秒左右蛋會浮出，浮出時該蛋便已煮成半熟蛋。

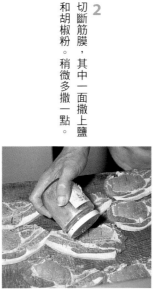

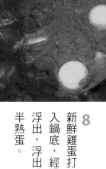

●材料

豬大里肌肉…1 cm厚片 1片
雞蛋…1個
鹽、胡椒粉…各適量
麵衣／麵粉、雞蛋、水、
新鮮麵包粉（粗粒）
炸油
（沙拉油、玉米油和菜籽油）
味噌醬汁／紅味噌、熬湯的小
魚乾、昆布、砂糖…各適量

商品
P13

9 趁雞蛋下沉的空檔，將步驟6的肉排放入鍋中熬煮。味噌醬汁因放入豬排而變得更好吃。

10 從飯桶盛出白飯。

11 從味噌醬汁中杓出半熟蛋和豬排後倒在白飯上。

味噌醬汁的作法

①使用的紅味噌為愛知縣岡崎地區的名產「丸三豆粒味噌」。

②昆布泡水後和已經去除頭部和腸子的小魚乾一起熬成高湯。

③將高湯和味噌放入攪拌器中，把味噌中的豆粒打碎。打成番茄醬似的濃度。

④將步驟③倒入鍋中，加熱後添加砂糖。一邊煮豬排和雞蛋，一邊追加此味噌高湯。

酥炸肉排的作法

花點時間仔細剔除附著在大里肌肉表面的脂肪或筋膜，因為，處理後才能享受到瘦肉本身的好味道。將肉拍打延展至原來的兩倍大小後，放入100℃的炸油中，再花點時間以低溫慢火油炸出美味多汁且口感軟嫩的肉排。

1 買回已經去除側面的脂肪部位的豬肉。

2 利用菜刀繼續削除表面的脂肪。

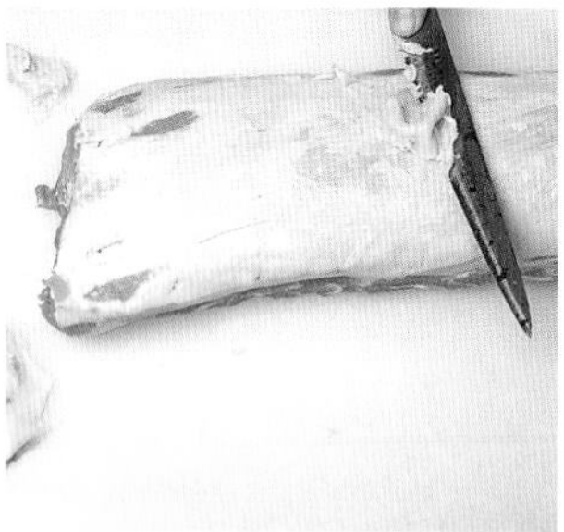

3 仔細剔除脂肪和筋膜，豬肉表面的白色部分漸漸地消失。

4 完成豬肉的前處理作業後，整塊肉呈現瘦肉狀態。分切成一人份200g的肉片。

5 分切成200g的一人份肉片後，先在肉片邊上劃上幾刀，再用肉鎚拍打肉片。

6 將步驟**5**的肉片拍打至原來的2倍大。豬肉纖維斷裂才能炸出口感更軟嫩的豬排。

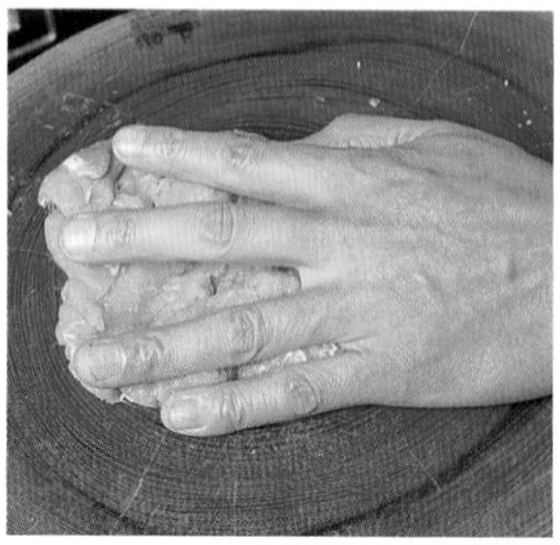

7 雙手夾住肉片似地，為已經延展開來的肉片塑型。

8 其中一面撒上鹽和胡椒粉。

●材料

豬大里肌肉…200g

鹽、胡椒粉…各適量

麵衣／麵粉（低筋麵粉）、全蛋、新鮮麵包粉

炸油（豬油、牛油）

盛盤配料／高麗菜、高麗菜、炸馬鈴薯球

商品 P25

9 將肉片放入低筋麵粉中，均匀地沾上麵粉。

10 將步驟9的肉片沾上已經完全打散的蛋汁。夏季期間多加一些蛋黃。

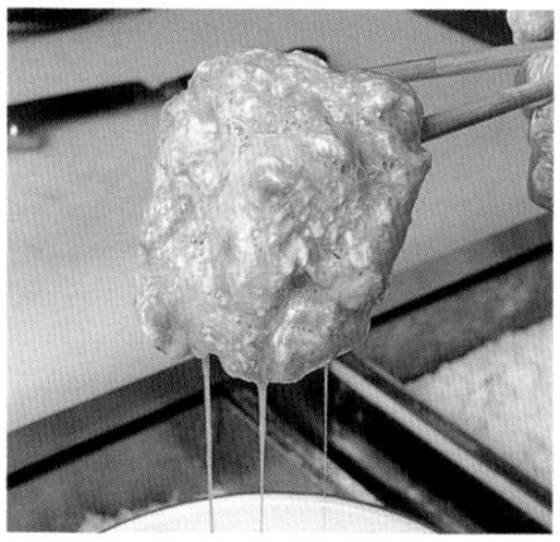

11 使用擺放2天且碾成細粒的新鮮麵包粉。拍掉多餘的麵包粉，必須趁麵包粉吸收肉片上的水分前就進行油炸。

12 使用店家自製炸油。將豬的背部脂肪加熱後炸出豬油，再添加牛油增添香氣。特徵為以100℃以下低溫慢火油炸。

13 泡沫或油渣浮上油面時立即撈掉。

14 炸約5分鐘後將翻面。

15 炸約10分鐘後，炸油表面冒著大泡泡，油炸聲音越來越大時，即可撈出油鍋中的肉排。

酥炸肉排的作法

獨特的「二度油炸」手法是蓬萊屋為了將厚厚的小里肌肉排炸得外皮酥脆、內餡軟嫩多汁的方法，自大正3年創業以來就沿用至今。為了提高熱效率，店家還使用特別訂製的鍋具。希望炸出來的豬排在冷掉後依然風味不減，因此在炸油方面下了一番功夫。

1 使用屠宰後5日內的新鮮小里肌肉。仔細剔除表面的筋膜。

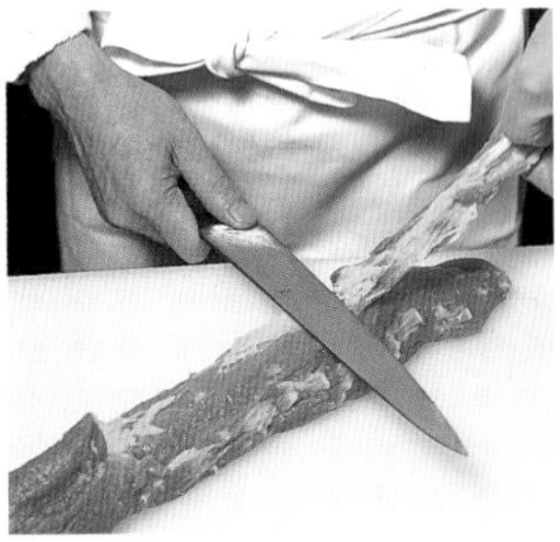

2 剔除筋膜後，從頭部切起，分切出必要份量的肉塊。一條小里肌肉可製作兩人份的炸肉排。

3 順著纖維，在肉塊中心線的表面輕輕劃上一刀。緊接著，雙手捏著切口部位，像撕開肉片似地攤開肉片，然後，稍微撒上鹽及胡椒粉。

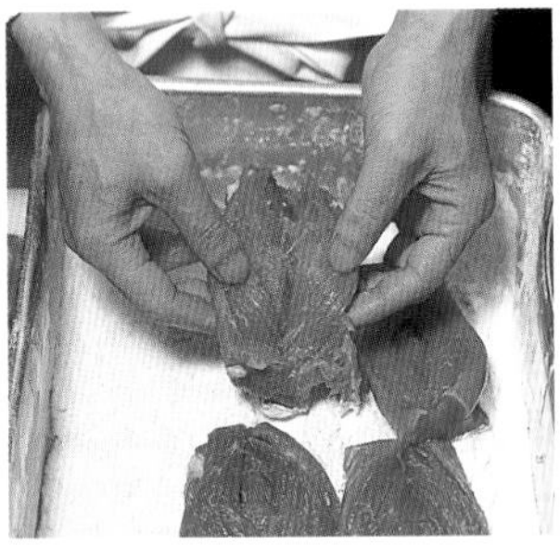

4 將肉片沾上已經過篩的麵粉。雙手輕輕揉搓肉片，以便拍掉多餘的粉料。

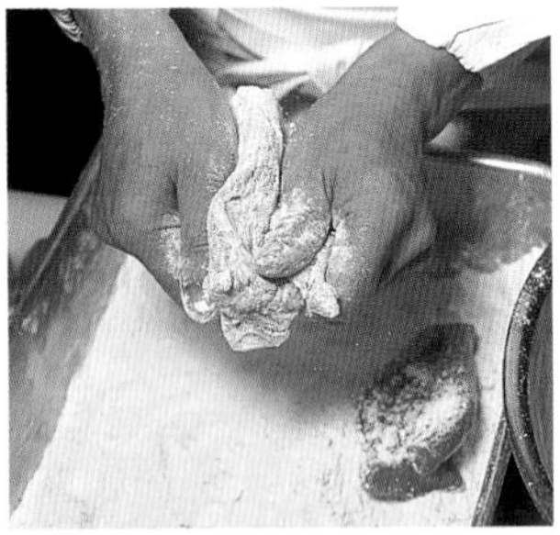

5 將步驟**4**的肉片沾上已經完全打散的蛋汁。多準備一些蛋汁以便肉片均勻地沾上蛋汁。

6 將步驟**5**的肉片移到麵包粉上，將麵包粉撥到肉片上後輕輕地按壓一下。另一面也裹上麵包粉，接著按壓一下。

7 所使用的炸油都是當天早上營業前1個小時開始準備，只準備當天份量。為了炸出放涼後依然風味不減且油脂不會凝固的肉排，故使用牛油（板油）和豬油調配的炸油。

8 同時準備高溫（180℃）和低溫（150℃）油鍋。

●材料

小里肌肉…１６０ｇ

鹽、胡椒粉…各適量

麵衣／麵粉、雞蛋、

麵包粉（較粗粒）

炸油（牛油和豬油）

盛盤配料／高麗菜

商品
P27

9 首先，將裹好麵衣的肉片放入油溫並一直維持在１８０℃的油鍋中。採用高溫油炸方式，因此，放入肉片後，炸油會隨著巨大油炸聲響拼命地冒著泡泡。

10 炸約２０～３０秒，待麵衣上色後，就必須從油鍋中撈出肉排。緊接著放入油溫並一直維持在１５０℃的油鍋中。肉片在此油鍋中炸熟。

11 油炸至九分熟時，從油鍋中撈出肉片，擺放２～３分鐘肉片就會因餘熱而熟透。

小里肌日式炸豬排套餐的作法

筷子輕輕一夾就斷的軟嫩口感完全是靠拍打、切斷筋膜等細膩的前處理作業。肉片上完全沒有撒鹽和胡椒粉，而是只沾上攪拌器充分攪拌過的蛋汁。「均勻地沾上蓬鬆的麵包粉，再放入熱油中迅速炸熟」為製作重點。

1 從較粗的那頭分切出約120g的一人份肉塊。

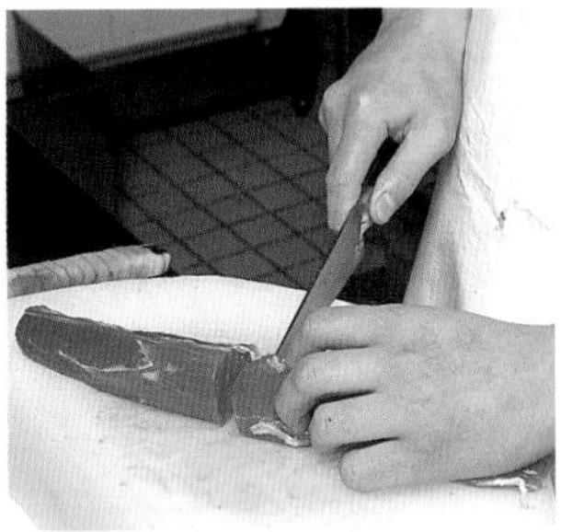

2 豎起切好的肉塊，再以肉鎚從正上方往下拍打。兩面都必須拍打得非常平整。

3 以先拍打的那一面為背面，仔細切斷筋膜。

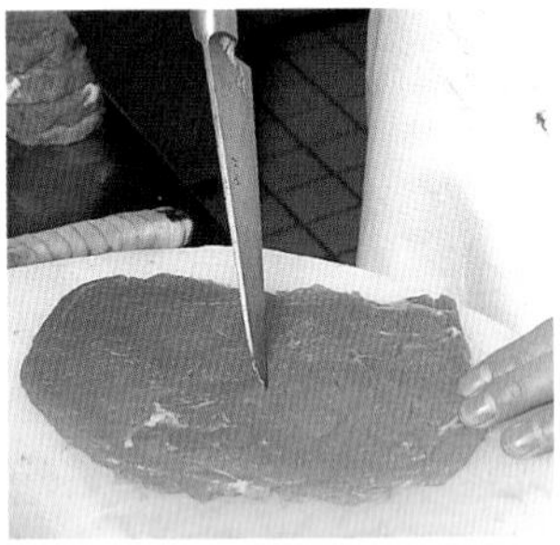

4 其次，邊以指腹按壓肉片一邊緣，一邊調整肉片形狀。

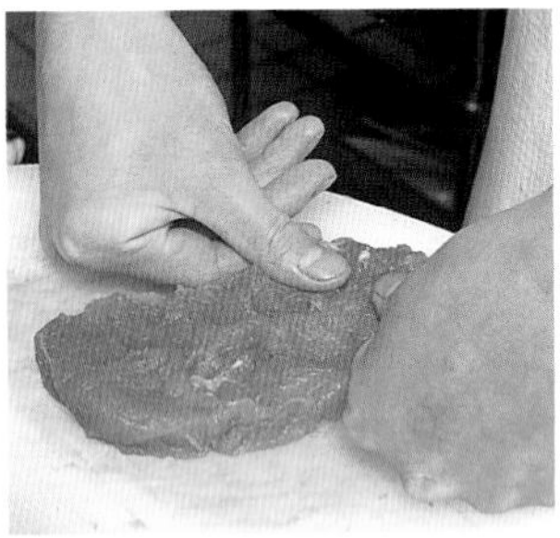

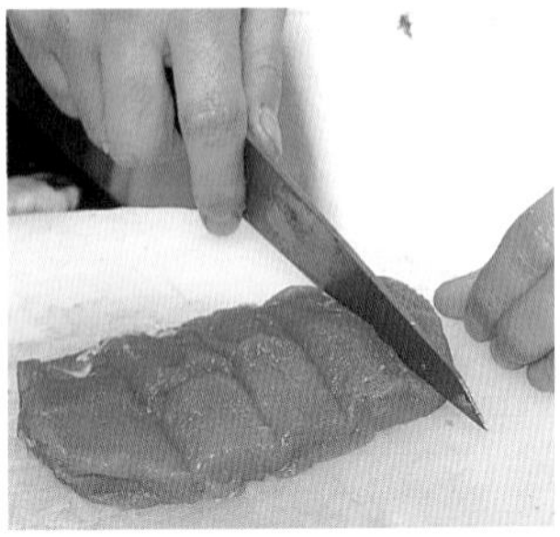

5 最後，拿菜刀輕輕地在肉片上劃幾刀，以便能一眼看出肉片的正面。

6 薄薄地沾上麵粉後沾上利用攪拌器充分攪拌過的蛋汁。

7 將麵包粉撥到步驟6的肉片上，雙手用力按壓肉片。最後，用手調整肉片形狀。

8 將肉片放入油溫約170℃的熱油中，油炸5~6分鐘。使用較深的油鍋，肉片四周都是熱油，因此，不必翻面豬排就炸得熟。

●材料

豬小里肌肉…120g

麵衣／麵粉、雞蛋、新鮮麵包粉（粗粒）

炸油（沙拉油和豬油）

盛盤配料／高麗菜、巴西里、白飯、豬肉湯、醬菜

商品
P28

9 油泡漸漸變大，麵衣炸成金黃色後，整個油炸步驟就完成。必須儘快撈出。

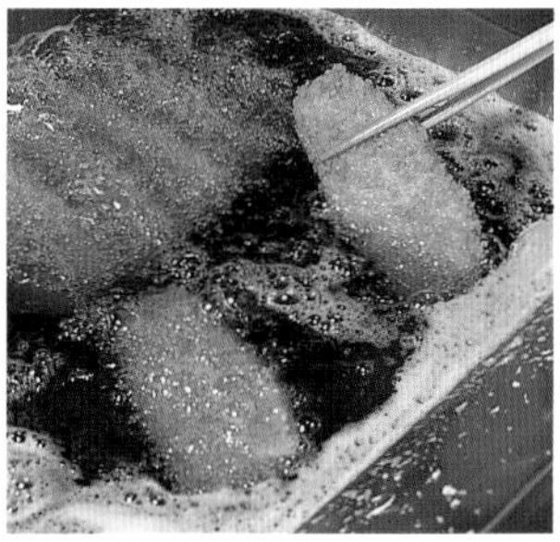

麵包粉的作法

1 使用特別向麵包店訂製的3斤重麵包粉專用土司。最好使用烤好後擺放2天的土司。上、下邊的麵皮太硬必須切除。

2 利用高速麵包粉處理機製作麵包粉。將土司麵包撕成小塊後送入機器。

3 經過直徑8mm的篩網，篩出較粗粒的麵包粉。

4 剛打好的麵包粉。抓起一把麵包粉，當出現一鬆手就迅速恢復原來的蓬鬆狀態時，即可使用。

鐵板炸豬排套餐的作法

周延考量味道濃郁的味噌醬汁和炸豬排搭不搭調，一直從材料或油炸方式上下功夫。將新鮮和乾燥的麵包粉混合使用，並營造蓬鬆和酥脆口感。炸油是使用添加了沙拉油的豬油，炸出麵衣不吃油的肉排。

1 使用南九州生產的新鮮豬肉。因豬肉的甜味減半故完全不必拍打肉片。先分切出重160g的肉片，只在靠近腹部的部位劃刀。

2 將細粒的新鮮和乾燥麵包粉混合使用，以營造蓬鬆和酥脆口感。麵包粉的混合比例由專業人員依據當天的手的觸感調整。

3 使用「植物性沙拉油加上豬油」為炸油。用這種油炸出來的肉排比較不吃油，可降低油膩感。

4 圖片中就是該店的祕傳味噌醬汁。此醬汁熬煮得油亮濃稠。該店每天都會花時間製作醬汁。

5 肉片撒上鹽和胡椒粉後，兩面都均勻地沾上麵粉。用手拍打肉片即可拍掉多餘的粉料。

6 像切東西似地用力打好蛋白，接著才加入蛋黃，打成蛋汁。放入步驟5的肉片，整片肉都必須沾上蛋汁。

7 滴掉多餘的蛋汁後移到麵包粉上。邊將麵包粉撥到肉片上邊按壓。

8 手掌微凹，輕輕地按壓整塊肉片。重點為避免過於用力按壓，以免肉片扭曲變形。

●材料

豬大里肌肉…160g
鹽、胡椒粉…各適量
麵衣／麵粉、雞蛋、麵包粉（新鮮和乾燥的麵包粉）
炸油（沙拉油和豬油）
盛盤配料／高麗菜
醬料／味噌醬汁
白飯、味噌湯、醬菜

商品
P30

9 將肉片放入油溫約165℃的熱油中。必須勤快地撈掉從肉片表面掉落至油中的多餘的麵衣。

10 表面炸成金黃色後翻面，另一面也炸成金黃色後就必須撈出。

11 將鐵板擺在爐子上烤得熱騰騰的，接著移到木板上。

12 整個鐵板面都鋪滿高麗菜絲。

13 將分切成大小方便入口的肉塊擺在高麗菜絲上。

14 淋上大量味噌醬汁，直到幾乎蓋住肉排為止。

厚片大里肌日式炸豬排的作法

軟嫩滑潤的口感為該店的炸豬排的最大特色。先以140～150℃油溫慢火炸上20分鐘，再靠餘熱使豬排完全熟透。大量地裹上粗粒麵包粉以炸出豬排表面豎立著無數劍尖似的蓬鬆口感。

1 使用的肉品為千葉縣產椿豬肉，該豬肉以肉味清甜為主要特徵。肉片撒上鹽和胡椒粉後，沾上近似太白粉的被稱之為「Butter mix」的麵粉。因為此麵粉具備鎖住肉汁的功能。

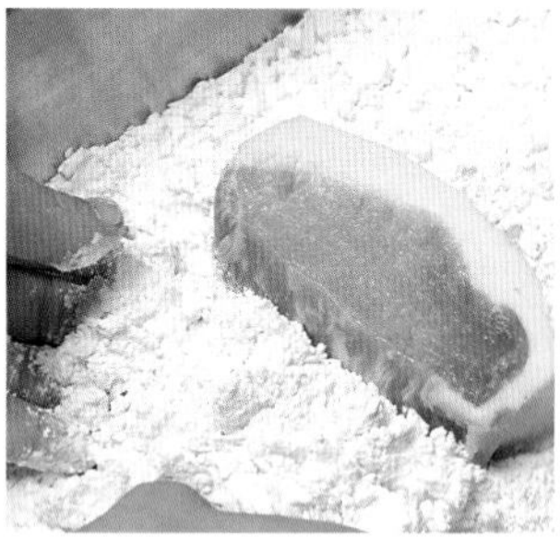

2 用手拍掉多餘的麵粉。

3 將肉片沾上以打蛋器攪拌均勻的蛋汁。使用鐵籤以免肉片掉入蛋汁中。

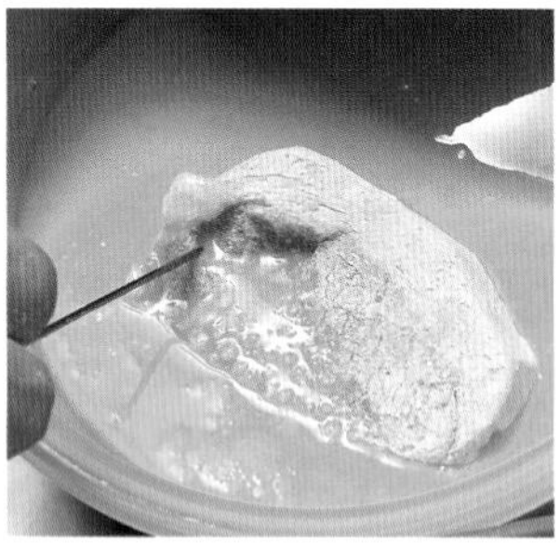

4 從蛋汁中撈出肉片，將肉片移到麵包粉上，過程中繼續使用鐵籤。雙手沒有碰觸到肉片，因此，可使肉片更均勻地裹上麵包粉。

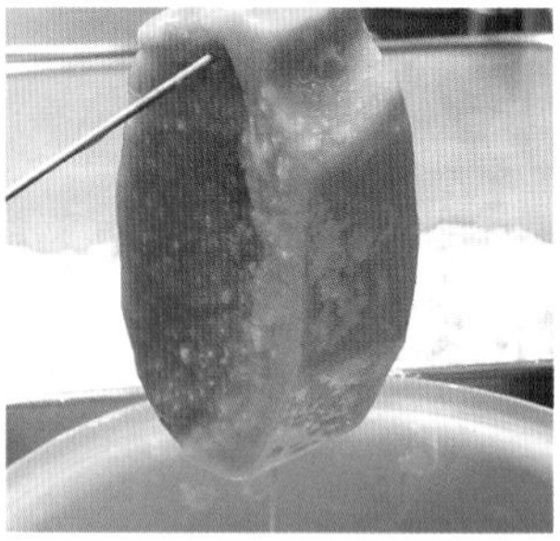

5 將麵包粉撥到肉片後輕輕按壓。使用糖分較高的麵包粉更容易炸出漂亮的色澤。

6 手掌微凹，輕輕地往下按壓。估算可能掉落至炸油中的粉量是重點所在，多裹一些麵包粉。

7 將肉片放入油鍋中，油溫約140℃，設定較低的油溫。使用玉米油和芝麻油混合的炸油，即可改善麵衣吃油情形。

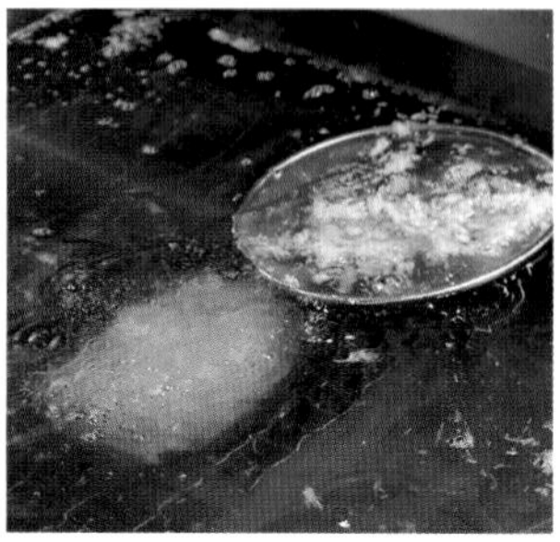

8 邊炸邊撈除浮在炸油表面的麵包粉。

●**材料**

豬大里肌肉…約190g

鹽、胡椒粉…各適量

麵衣／麵粉、雞蛋、新鮮麵包粉(粗粒)

炸油（玉米油和芝麻油）

盛盤配料／高麗菜

商品 P31

9 炸約10分鐘後翻面。另一面同樣炸上10分鐘。

10 擺在濾油網上6~7分鐘，肉排靠餘熱而完全熟透。瀝乾炸油，豎起肉排，避免壓壞豎著劍尖似的麵衣。

大里肌日式炸豬排的作法

沾上質地非常細緻的麵包粉，裹上炸起來口感酥脆鬆軟的麵衣，再以豬油炸成香噴噴的豬排。這是一道作法非常簡單，充分運用肉品鮮甜味道和口感的炸豬排。將豬排淋上熬得相當濃稠且口感非常柔順的多明格拉斯醬後享用，就是最道地的「たいめいけん」吃法。

1 將大里肌肉分切成200g的一人份肉片。

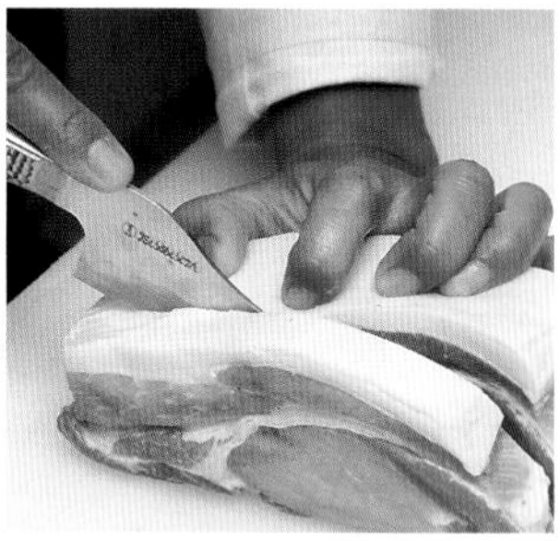

2 為了避免肉片捲曲變形，確實地切斷肉片上的筋膜，共切4～5處。

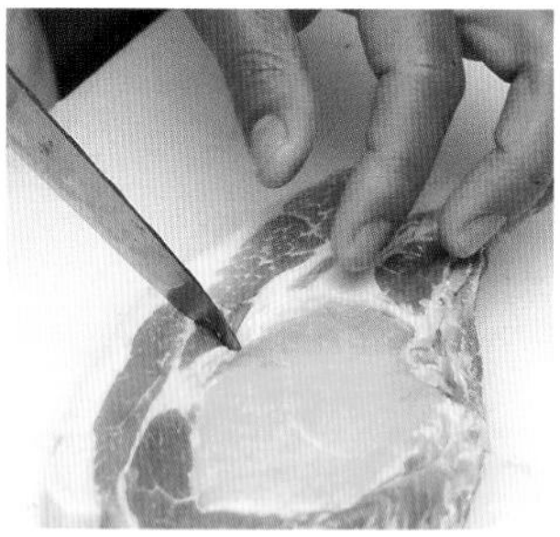

3 利用叉子尖端在肉片上戳一戳更容易入味。

4 撒上鹽和胡椒粉，以便引出肉的甜味。

5 使用高筋麵粉。高筋麵粉粘性強勁，更容易附著在肉片上。

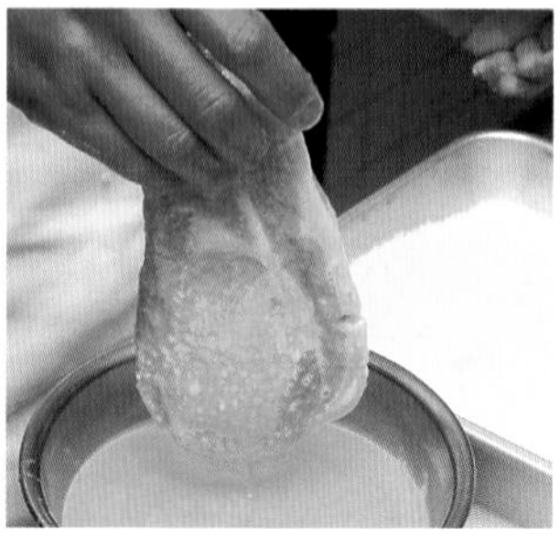

6 拍掉多餘的麵粉後沾上蛋汁。以手打方式將蛋汁打得非常均勻。

7 使用極細緻的新鮮麵包粉是為了傳達素材的好口感。將整塊肉片均勻地裹上麵包粉。

8 將肉片放入加熱至160～170℃的炸油中，炸5～6分鐘。必須不厭其煩地撈除浮至炸油表面的粉料。

●材料

豬大里肌肉…約200g

鹽、胡椒粉…各適量

麵衣／麵粉、雞蛋、新鮮麵包粉（極細粒）

炸油（豬油）

盛盤配料／涼拌菜絲、拿坡里義大利麵、巴西里

商品
P32

9 油炸3～4分鐘，麵衣上色後將肉片翻面。

10 油泡會變大，當麵衣表面炸成金黃色後，即可撈出肉排。

小里肌日式炸豬排套餐的作法

為了炸出豬排表面豎立著的無數劍尖似的蓬鬆口感，故鬆鬆地裹上糖分較低的特殊新鮮麵包粉，再以棉籽油炸熟，炸出的麵衣口感酥脆，豬排味道清香爽口。能炸出軟嫩多汁的豬排的關鍵在於油炸時的溫度和火候。

1 將小里肌肉分切成30g的一人份肉片，共切四片。該店只使用屠宰3～4天的國產頂級新鮮豬肉。

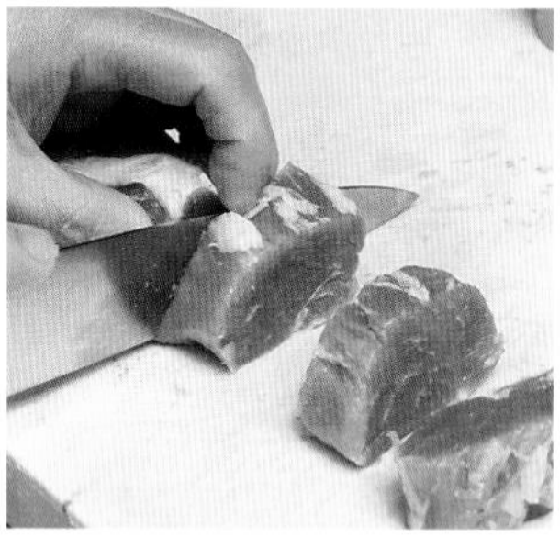

2 稍微撒上鹽和胡椒粉。

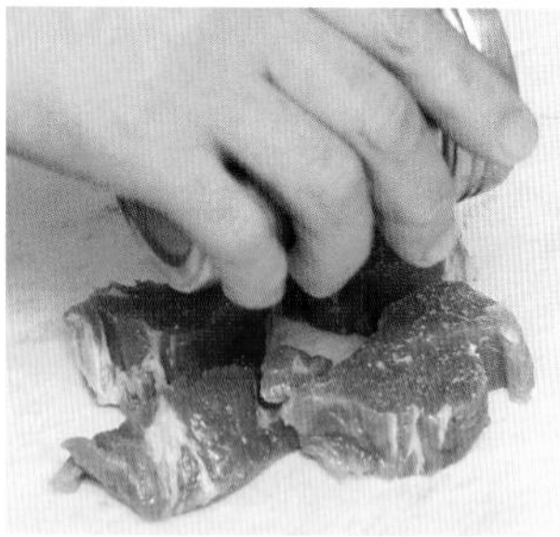

3 均勻抹上麵粉。使用粘性強勁且容易附著在肉片上的高筋麵粉。

4 拍掉多餘的麵粉後，沾上已經打得非常均勻的蛋汁。以手動方式將蛋黃和蛋白打得非常均勻。

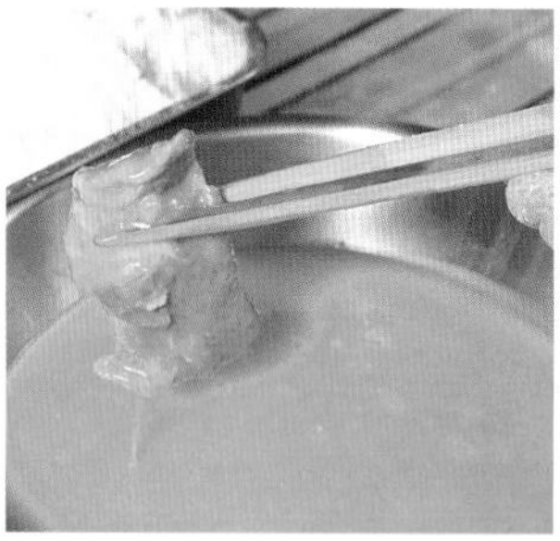

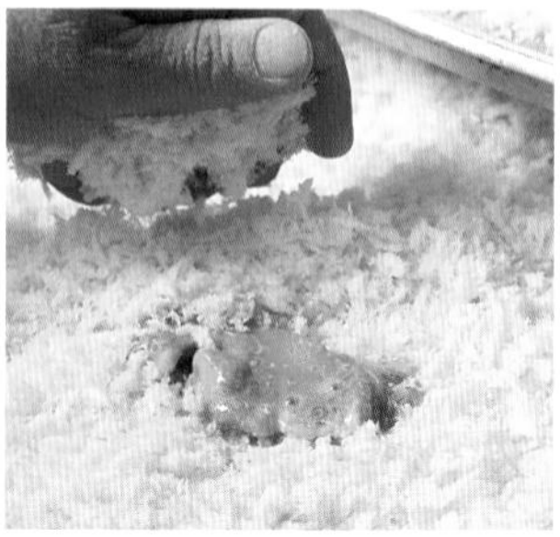

5 將麵包粉撒在肉片上，用力握住麵包粉，確實地裹在肉片上。

6 然後，像抓住棉花似地，一邊翻動肉片，一邊裹上麵包粉。

7 麵包粉鬆鬆地裹在肉片上，形成表面酷似「劍尖」的美妙狀態。

8 將肉片放入加熱至170℃的炸油中，油炸5～6分鐘。在油炸過程中，當炸油噴散減少時可添加炸油或調節溫度，以提高油溫。

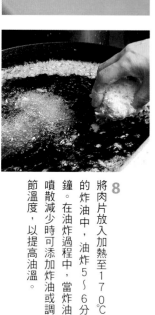

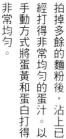

●材料

豬小里肌肉…約120g

鹽、胡椒粉…各適量

麵衣／麵粉（高筋麵粉）、雞蛋、新鮮麵包粉（粗粒）

炸油（棉籽油）

盛盤配料／高麗菜、檸檬、巴西里、白飯、味噌湯、醬菜

商品
P33

9 四周出現粉渣時立即撈掉。麵衣容易破裂，撈除粉渣時避免碰撞到肉排。

10 油泡會變大，夾起肉排時若有肉排散發水分而使筷子震動的感覺，即可從油鍋中撈出肉排。

酥炸大明蝦（一份3尾）的作法

鮮蝦腹側確實地劃上數刀，接著拉直蝦體。經過此步驟處理，即可炸出筆直美觀的炸蝦。撒上較細緻的麵包粉後，油炸至完全上色為止，這是製作重點。

商品 P56

●材料

大明蝦…3尾
鹽、胡椒粉…各適量
日本酒…適量
麵衣／麵粉（高筋麵粉）、雞蛋、新鮮麵包粉（細粒）
炸油（豬油）
盛盤配料／涼拌菜絲、馬鈴薯沙拉、番茄、檸檬、巴西里、雪維菜、塔塔醬

1 使用老闆精挑細選、嚴格把關的國產大明蝦。選用的是長達20cm的大蝦。

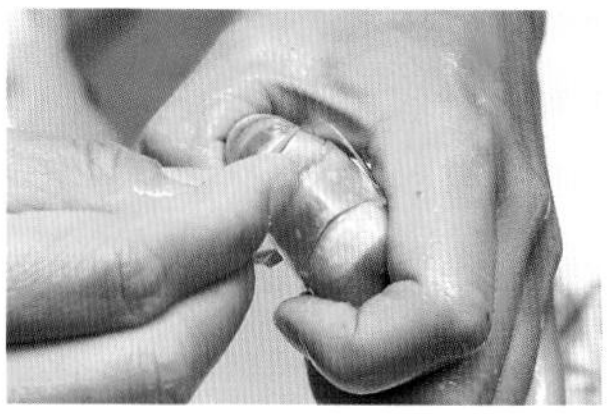

2 將竹籤插入蝦殼之間，挑出蝦背上的腸子。難以挑出時，可利用菜刀在蝦背上劃上深約1mm的切口，再利用菜刀刮出腸子。

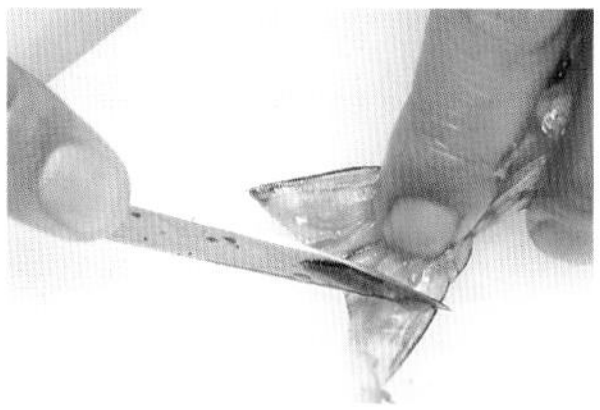

3 斜切蝦尾端，再撥開蝦尾，刮除其中水分。同時切除頭部尖端和觸鬚。

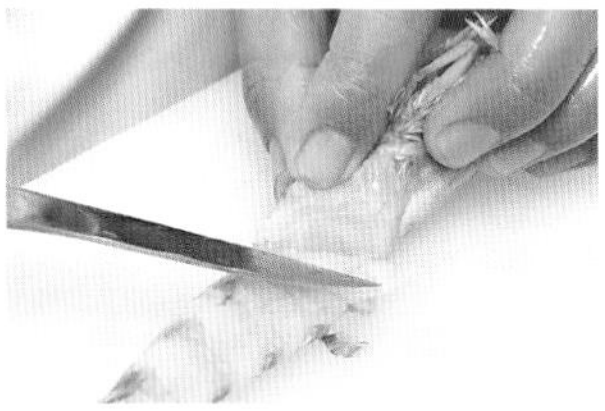

4 在腹側劃上5刀左右，深約1cm。

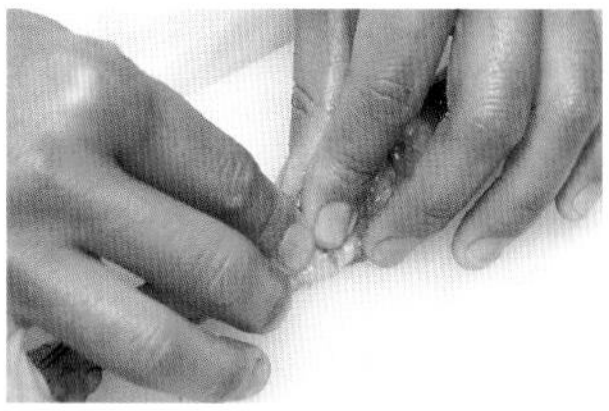

5 然後，蝦體拉直，由上往下壓住蝦體至發出「啵」聲為止。經過這道手續才能炸出筆直且不會扭曲變形的炸蝦。

6 淋上日本酒以去除腥味。3尾的用量約1大匙。

7 撒上鹽及胡椒粉後沾上麵粉。使用高筋麵粉，這種麵粉更容易裹在蝦子身上。

8 蝦頭及蝦尾不裹麵衣，頭尾用雙手捏著，沾上蛋汁。

9 滴掉多餘的蛋汁後，將明蝦移到麵包粉上。將麵包粉撥到明蝦上，然後輕輕地按壓。

10 將明蝦放入160～170℃的炸油中。先炸蝦頭20～30秒，將蝦頭炸熟。等蝦頭變色後才整尾放入熱油中。

11 邊炸邊撈掉浮上油面的粉渣，劈哩啪啦的油炸聲音變少，蝦子浮出炸油表面時即可撈出。必須確實地炸到整尾明蝦呈現金黃色澤為止。

【第五章】

烹調出更好吃的日式炸豬排及油炸食品之訣竅

很講究日式炸豬排及油炸食品的人，欲提供這類食品，當然必須具備豐富的相關知識。「豬肉」相關基本知識或炸豬排美好味道的相關科學分析，對於素材選用或烹調都非常有幫助。本章除上述內容外，亦將針對烹調油炸食品時使用起來非常方便的工具進行解說。

敬請牢記

豬肉的基本知識

烹調豬肉前必須思考，這塊豬肉到底新不新鮮呢？適合採用哪種烹調方式呢？做菜之際是否了解這些問題至為重要。本章將從消費者買到豬肉前的通路、豬肉種類或選購方法等為您鉅細靡遺地介紹一些最基本的豬肉相關知識。

最近的豬肉相關消息

近幾年來，豬肉交易市場持續活絡。日本國人在平成13年（2001年）受到BSE（狂牛症）之衝擊，對於牛肉的信心危機好不容易才解除，但又因為經濟不景氣之故，以致日本家庭的可支配所得減少。相對地，單價較低廉的豬肉及雞肉的需求增加，這就是豬肉交易市場持續活絡的原因之一。

另一個原因則起因於中國生產的水餃事件中被稱為「劣等貨」的低價部位的豬腳和豬腿部位的需求旺盛。因為，無論是因家計而購買或因業務及加工需要，絞肉的買氣皆因包水餃的家庭增加而大幅攀升。其次為中國生產的香腸或肉包等加工及調理商品進口量的大幅滑落，結果，國內的生產增加，故豬腳和豬腿的需求量越來越大。

其他原因，如最近外食方面的豬肉專門店明顯增加。當初是既有的外食店因牛肉方面的肉品供應不足而增加豬肉方面的菜色，目前則是以豬肉為主要食材的店家增加，西班牙產黑腳豬或義大利產帕馬豬等廣泛受到應用，進口豬肉和國內生產的品牌豬肉也越來越受矚目。

不過，國內的養豬戶因為進口自由化和人手不足等因素，所生產的豬隻年年遞減。依據農林水產省（相當於我國農委會）的畜產統計資料顯示，昭和37年間（1962年）高達一百萬戶的養豬戶，至平成6年（1994年）已經減少至2萬2千戶，至平成19年（2007年）再減少至7350戶，可說是完全靠養豬戶增加飼養豬隻數來因應市場需求。目前日本國產豬肉佔日本豬肉流通量的百分之七十以上。

日本國產豬肉產銷途徑

日本的肉食品經各種形態的產銷途徑流通，和蔬菜、魚類等產品的最大差異在於肉食品流通過程會出現好幾次形狀方面的變化。第一手為養豬戶的豬隻活體交易（賣出活生生的豬隻），交易後經由農協等生產者團體或畜產商人，運往「專門處理肉食品的屠宰設施」或「依機能分類，併設於肉食品批發市場中的肉食品批發市場的屠宰設施」等配備有一貫化作業系統，可從豬隻解體一直處理到局部肉品的肉食品處理中心。進入該肉品處理中心後，去除頭部、四肢、內臟、血液或豬皮等，處理成帶骨屠體，然後，沿著屠體背骨縱切成兩半，形狀再次改變後運往拍賣市場及食品加工場等設施。此階段摘除的內臟被當成畜產副產物販售。

運往拍賣市場及食品加工場等設施後，開始分解屠體。一邊去骨一邊依部位分切成素稱肩胛肉、大里肌肉或豬腿肉等部位肉品，割除多餘的脂肪，迅速地完成各部位肉品的分割作業。日本通常將豬肉分成五個部位（肩胛肉、大里肌肉、小里肌肉、五花肉、豬腿肉），某些肉商將肩胛肉再分成「豬腿肉」和「肩胛里肌」，共分成六個部位。

屠體和部位肉品交易時，為了提昇肉品交易效率，必須依據全國共通交易規模之相關規定進行肉品分級，並經農林水產省認可後，由日本肉食品分級協會依照肉品品質進行分級。

屠體交易時，依據重量、外觀、肉質、脂肪色澤等，分成極上、上、中、並、等外之五個等級。部位肉品依據分割及整形後的重量類別，分成「S」、「M」、「L」三個等級，材料為「極上」、「上」者屬於I等級，材料為「中」者屬於II等級，共分為兩個等級，以上是日本全國統一採行的分級制度。近年來的肉品流通型態隨著需求規模擴大或需求動向的多樣化而產生顯著的變化，漸漸地從屠體流通型態轉型為部位肉品流通型態。

肉品經過分級後流向超級市場、肉食品小店鋪、飲食店或大飯店等，再依據用途分割或切片，最後以瘦肉型態送到我們這些消費者手上。以上就是日本國產豬肉的主要流通途徑。

日本飼養的豬隻品種

目前，日本飼養的主要豬隻品種為藍瑞斯、大約克夏、杜洛克、中約克夏、漢布夏、盤克夏等六種歐美原產豬種。其他品種如原產於中國的金華豬、梅山豬以及原產於沖繩的阿古豬等品種，數量雖少，目前還是有人飼養。

話雖如此，目前，日本飼養的豬隻百分之八十以上都是經由計劃性交配產生的雜交豬種（亦有交配種）。交配產生的主要目的為提升畜產能力，除了傳承各品種種豬的優點外，希望透過生產體型或生殖能力等遠勝於種豬的所謂的「雜種強勢」效果，培養出具備身強體壯等優點的豬隻。交配時大多使用藍瑞斯、大約克夏、杜洛克這三個品種的種豬，由這三類種豬交配所產生的豬隻稱為「三元雜交豬」或「三元豬」。

各品種豬隻特徵列舉如下：

藍瑞斯

原產於丹麥的在來種豬隻與大約克夏交配後產生的品種。「藍瑞斯」一詞即具備在來種之意。藍瑞斯為白色大型種豬隻，自昭和30年代（1955年）起引進日本，被視為純種豬，是目前日本最廣泛飼養的豬種，無論公種豬或母種，藍瑞斯是日本目前豬飼養豬隻數最為龐大的豬種。

所有品種豬隻中，藍瑞斯體型最大且呈流線型，線條相當優美。臉孔修長，鼻樑挺立。發育期非常早，飼養約170天即可出售。生產能力強為另一個特徵。肉質方面，脂肪少、瘦肉部分較多。

大約克夏

在日本，此種豬的飼養數居第二位。大約克夏是原產於英格蘭北部約克夏州的白色大型豬種，英國人稱之為「大白豬（Large White）」。於昭和30年代引進日本。常和藍瑞斯、杜洛克、盤克夏等豬隻用於品種改良。

白色大型豬，整體而言屬長方形體型。因發育期較早，繁殖能力高而廣受飼養。臉孔修長，鼻樑稍微扁塌。肉或脂肪都相當柔軟，瘦肉比例較低，但保水性絕佳，脂肪融點高，非常適合用於取瘦肉或加工。

杜洛克

原產於美國東部的紐約州或紐澤西州。杜洛克是具備美國血統的紅毛豬和盤克夏等種豬雜交產生之品種。美國飼養數量和盤克夏並駕齊驅。

毛色為褐色，色澤濃淡因豬隻而不同。近似大型種，整體而言，背線呈弓狀。個性活潑，身強體健，亦適合放牧。相較於其他品種，肉質柔軟，肉中較多油花。因背部容易形成肥厚的脂肪且屬於不容易繁殖的品種，目前較廣泛進口或飼養經過改良的杜洛克。

盤克夏

原產地為英格蘭盤克夏州的在來種豬隻和Siamese、Neapolitan、Chinese等種豬交配改良後，於1862年左右公認為固定品種。明治2年引進日本，日本引進相當早。

底色為黑色，額頭或鼻頭、四肢尖端、尾巴端部共有六處為白色，稱之為「六白」，是具備相當知名度的中型豬。臉孔稍微扁平，額頭寬闊，耳朵直立。肉質細膩、結實。豬肉本身味道鮮甜，甜味來源的胺基酸含量高於其他品種，為此豬種之重要特徵。

成長速度慢，一般豬隻飼養約半年即可出售，盤克夏約需飼養8個月。盤克夏曾經是日本飼養豬隻數僅次於中約克夏的品種，後來因畜產業者追求經濟效益而越來越少人飼養，因此，一度成為日本相當罕見的品種。近年來由於美食愛好者的推波助瀾，且盤克夏肉質精良，故大受肯定，飼養豬隻數再度攀升。

漢布夏

原產於英格蘭南部，主要飼養於英格蘭漢布夏地區，是身上有帶狀白毛的黑毛豬。美國於1825~1830年間引進，經過改良後於1904年成為認定品種。日本於昭和30年代引進。

毛色為黑色，肩頭、胸部及前肢有帶狀白毛（Saddle mark），臉孔修長，下巴非常發達，雙耳直立，背部呈弓狀，腿部非常結實。個性非常活潑，發育、飼養效率非常高。比較不耐熱，生產數量較少。皮下脂肪率低，是瘦肉生產效率非常高的品種。７０年代後期，公種豬約佔百分之４０以上，堪稱最具代表性的公種豬選手。８０年代以後，因脂肪品質及不耐熱等因素，飼養豬隻數銳減，目前已經成了稀少品種。

中約克夏

原產於英格蘭約克夏州。中約克夏是由「大約克夏和小約克夏交配而成的豬種」與「主要飼養於約克夏州的白色豬種」所交配並改良而成的，是於１８８５年奠定品種地位的白色中型品種豬。

頭大、臉孔短、鼻樑塌陷。發育較遲緩，飼養９～１０個月才可出售，生產能力絕佳。昭和３０年代佔全國飼養豬隻數之絕大多數，昭和３６年以來，由於藍瑞斯等經濟效益較高的大型豬的陸續引進，中約克夏飼養豬隻數銳減，目前，飼養豬隻數已降至１％以下。

皮下脂肪厚實，脂肪品質絕佳。大里肌肉的心部較小，不過，肉質相當細緻美味，非常新鮮。火腿等加工時採用。

在全國推展的品牌化趨勢

日本生產的豬隻幾乎都是由兩個品種交配所產生的雜交種，其中特別優秀且具特徵的豬就會被登錄為所謂的名牌豬或品牌豬。其次，以特殊飼料或獨創手法所飼養出來的豬，或充分運用地方特色所飼養出來的豬隻，也可能被視為名牌豬或品牌豬。不過，也可能像鹿兒島黑毛豬或ＴＯＫＹＯ－Ｘ，出現品種本身各不相同的品牌豬。

出現上述情形的背景因素正是感覺起來好像被廉價進口豬肉排擠似的國產豬肉現況。因應對策為必須設法提升國產豬肉之品質，大力宣導好吃豬肉之魅力，以及設法活化持續遞減的養豬戶或畜產業界，因此，品牌化運動持續於全國各地推動。

目前，日本國內的品牌豬約２５０～２６０種，該數量年年增加中。什麼樣的豬才能算是「品牌豬」呢？首先，必須具備優良肉質且品質整齊穩定，肉質或味道具特色，每年可賣出２０００條豬隻以上，使用營養均衡、調配方法得當的飼料飼養，以及進行最妥善的飼料控管等條件。整體而言，價格較貴是因為品種改良曠日廢時，必須為飼料或飼養方法而投入龐大的飼養成本等的緣故。

近年來，以香草、藥草、優酪乳等飼養的品牌豬也陸續登場了。以下單元將試著為讀者介紹一些頗具特色且人氣相當高的品牌豬。

平牧三元豬（山形縣）

藍瑞斯、杜洛克、盤克夏等三種純種豬成功交配產生的三元豬，餵食特別指定配方調配出來的飼料，耐心飼養而長大的三元交配品牌豬。使用非轉基因玉米和大豆渣等，以植物性飼料為主的飼料，完全不使用餵食肉骨粉等動物性蛋白質。肥育期間比一般品種豬隻長約２００天，採用的飼養環境為通風良好的開放式豬舍，在完全不必承受任何壓力下健健康康地長大。

肉的特徵完全遺傳到三種種豬的優點，脂肪純白、口感清爽、肉味濃郁而且味道鮮甜。肉的纖維極為細緻，彈性適中。

鹿兒島黑毛豬（鹿兒島）

以高級豬肉而聞名的黑毛豬，各地生產的黑毛豬肉流通至全國各地，其中以鹿兒島的歷史最悠久，以經過無數次改良後所培養出來的高品質肉品奠定全國知名度。目前，被國內視為「黑毛豬」處理的豬肉為原產於義大利的盤克夏品種。日本國內販售盤克夏以外的品種的豬肉時，依規定不得標註「黑毛豬」字樣，鹿兒島的黑毛豬又稱之為「鹿兒島盤克夏」。

肉品特徵為肌肉纖維柔嫩細緻，其次為保水性絕佳，脂肪組織水分含量低，吃起來不會覺得水分太多，鮮味成分含量非常高。其次，因脂肪溶解溫度高，故炸出來的油脂口感清爽不粘膩。繼而，口感清新、肉味鮮甜，最大特徵為脂肪口感酷似肉的部分。

用於調配鹿兒島黑毛豬飼料的是甘藷。從研究成果即可清楚看到使用甘藷確實提升了黑毛豬的品質，鹿兒島黑毛豬之所以好吃似乎是建立在該作法上。

TOKYO－X（東京）

東京都相關單位為了明確區隔國產豬肉和進口豬肉而開發的就是ＴＯＫＹＯ－Ｘ。由鹿兒島黑毛豬、盤克夏和北京黑豬（留著山豬似的肉質的中國豬），繼而和杜洛克種交配產生，充分運用各品種豬隻之優點並改善缺點而研發出來的組合方式。經過多方努力終於培養出兼具①肌肉纖維細緻；②油花多且質地柔軟；③脂肪品質精良且入口即化等三大特徵的豬隻。名稱為研究計畫之名稱。

用於飼養TOKYO—X的飼料為東京都相關單位嚴格控管，附上非轉基因證明的大豆或玉米，以及未散佈農藥以防止收穫後運送時之劣化的「收穫後無殺蟲劑」的穀物，並在最嚴格的管理機制下飼養。

繼而，為了順利達成名為「安心的豬肉」計畫概念，必須依據相關單位特別訂定，具備「安心、安全（Safety）」、「生命力（Biotics）」、「飼養環境（Animal Welfare）」、「品質（Quality）」四大訴求的「東京SaBAQ」基準飼養豬隻。符合以上四個基準的養豬戶才可飼養TOKYO—X。

阿古豬（沖繩）

琉球在來種豬「阿古豬」的原產國為中國。據文獻記載，西元1385年間（中國明朝）阿古豬遠渡重洋來到琉球國（現在的沖繩縣），該豬和現在的阿古豬顯然關係匪淺。

毛色為黑色，體重約100公斤，臉型修長，耳朵下垂蓋住臉龐。直到第二次世界大戰前沖繩人都還飼養，長期支持著沖繩飲食文化，戰後因盤克夏種等品種豬隻引進而雜種化。繼而，養豬戶因阿古豬體型小、生產豬隻數太少而敬而遠之，豬隻數因頓時銳減。

阿古豬特徵為膽固醇含量低於一般品種豬隻，最吸引人之處是維生素B1豐富，富含美味成分麩氨酸。此外，肉質也相當軟嫩，無特有味道，烹煮時不會起泡沫。

何謂「SPF豬」？

SPF豬很容易讓人誤認為是品牌豬或某品種之一，事實上，SPF豬是一種為了避免飼養出來的豬隻成為豬隻最容易罹患的特定疾病的帶原者而以非常特別的手法所栽培出來的豬。SPF為「Specific Pathogen Free Pig」之縮寫，意思是「無特定病原豬」。

SPF豬是一種從第一次懷孕的母豬身上，連同母豬之子宮一起取出的小豬，完全不讓小豬接觸到母豬或周邊環境可能成為特定病因的物質，在事先經過殺菌的無菌場所飼養。在上述環境飼養的SPF豬只吃經過殺菌的飼料或飲水，因此，據說體內的好菌數遠多於壞菌數，是被飼養得非常健康的豬隻。

豬肉的各部位特徵

最廣泛用於炸豬排的是盤克夏、約克夏、藍瑞斯等品種豬隻的肉品。盤克夏肥育時間較長，因此，肉質緊實、風味絕佳。約克夏種脂肪柔軟、肉質鮮美。藍瑞斯脂肪少、瘦肉多等，各品種豬隻所產生的豬肉特色各不相同。

小里肌肉

英語稱之為「Tenderloin」，是各部位肉品中肉質最細緻、口感最清爽、味道最清淡的部位。一條豬只能取出極少量的小里肌肉，而以稀少和肉質軟嫩被視為最高級的肉品。小里肌肉上幾乎沒有脂肪，因此，建議擔心肥胖或罹患生活習慣病的人食用。小里肌肉因脂肪少而非常適合用於製作炸豬排等必須用「油」烹調的菜餚。缺點是小里肌肉加熱過度很可能烹煮出乾澀的口感，因此，烹調時必須留意加熱時間。

大里肌肉

英語稱之為「Loin」，係指豬隻胸部至腰部之間較靠近背部的肉，可分為「大里肌肉」和「肩胛里肌」。「大里肌肉」因肉質或味道俱佳而被稱為優質肉品，是廣泛用於製作大家最熟悉的烤火腿（Roast ham）的原料。主要特徵為瘦肉和脂肪比例適中，肉質細緻軟嫩中帶著嚼勁。肩胛里肌為豬頭至背部之間的肩膀部位肉品，瘦肉和脂肪呈霜降狀態，味道鮮甜，充滿濃濃的豬肉本身的鮮美味道。肉味濃郁，因此，非常適合用於製作叉燒或燒烤等菜餚。

肩胛肉

肩膀部位的豬肉，經常活動的部位，因此，肌肉非常發達。脂肪和肌肉之間有肉筋，肉質較硬。花時間燉煮即可烹煮出好味道，因此，建議用於烹煮咖哩、滷肉等需要燉煮的菜餚。

五花肉

豬隻腹部的肉、脂肪和瘦肉交疊在一起，脂肪較多，因此，又被稱為「三層肉」，是各部位肉品中脂肪份量最多的肉。瘦肉和脂肪幾乎相同比率地層層交疊在一起的五花肉，就是品質最好的五花肉。五花肉脂肪份量較多，許多人因而敬而遠之。事實上，豬肉的肥肉部分是決定肉品風味的重要關鍵。其次，脂肪部分富含促進膽固醇下降之油酸或硬脂酸成分，對於皮膚、骨骼或眼睛健康方面絕對不可或缺的膠原含量也非常豐富，因此，建議採用燙煮、網烤等可適度減輕脂肪成分的烹調方式。

腿肉

豬腿肉可大致區分為「一般腿肉」和「外側腿肉」。一般腿肉和外側腿肉共通之處為脂肪少，瘦肉多，細緻軟嫩的肉質也頗具特徵，適合用於烹調用來享受豬肉本身風味的煎豬排或烤豬排。其次，腿肉是維生素B1含量僅次於小里肌肉的部位。腿肉和外側腿肉的柔軟程度因部位而不同，肉色越淡，肉質越軟。肉色較濃的部位切成薄片後即可使用。外側腿肉適合用於任何菜餚的烹煮，使用起來也非常方便。

豬肉的營養價值

豬肉是肉類中維生素B1最豐富的，含量高達牛肉或雞肉的14倍。維生素B1具備消除疲勞作用，是日常飲食中絕對不可或缺的成分。

我們的主食為白米、麵包或義大利麵等糖分。糖分比蛋白質或脂肪更容易消化吸收，馬上就能轉換成熱量，是非常重要的營養成分。人體是利用酵素將上述糖分分解並轉換成熱量。維生素B1則具備幫助或促進該酵素功能等作用。此外，亦具備防止能量代謝過程所產生的乳酸堆積之作用是造成疲勞的主因。

相反地，維生素B1不足時，易出現倦怠或手腳麻痺等症狀，嚴重者甚至會罹患腳氣病。其次，大腦最需要能分解醣類的能量。因此，缺乏時，易出現心神不寧、集中力下降或健忘並演變成慢性症狀等情形。由此可見，無論是哪個年齡層，維生素B1都是絕對不可或缺的營養成分。

維生素B1屬於水溶性，攝取量超過就會自動排出體外，因此，無需擔心攝取過量。在豬肉中，以小里肌肉和腿肉的維生素B1含量最豐富，大豆、大豆製品或胚芽等食物的含量也非常豐富，吃下１２０ｇ豬肉即可攝取到一天的必要量。更有效的攝取方法是吃豬肉時搭配青蔥、洋蔥、蒜頭或韭菜等。搭配蔬菜可促進維生素B1之吸收，增強消除疲勞等效果。吃蔬菜炒豬肉比吃烤肉更容易消除疲勞。

眾所週知，沖繩為世界最長壽的地區，從豬肉到豬腳、豬皮等部位，長壽和當地人經常吃這些部位顯然關係匪淺。

〈參考資料〉
社團法人 日本養豬協會
http://pig.lin.go.jp/
社團法人 日本肉品分級協會
http://kakuduke.lin.go.jp/
獨立行政法人 農畜產業振興機構
http://alic.lin.go.jp/

好吃的炸豬排 烹煮時的材料選用技巧

油炸技術和素材之好壞嚴重關係到炸豬排的風味。適用於炸肉排的豬肉部位因店家喜好而不同，事先瞭解各部位的優點，即可烹調出更美味的炸豬排。本單元將為您介紹一些炸豬排和烹調炸豬排絕對不可或缺的調味料、高麗菜或麵衣的選用技巧。

豬肉

最廣泛用於烹調炸豬排的是約克夏、藍瑞斯及盤克夏等品種的豬肉。各種豬肉的特徵為約克夏風味佳、脂肪柔軟；藍瑞斯脂肪少、瘦肉多；盤克夏肉質結實，風味絕佳。在堅持選用優質肉品的炸豬排專賣店中，不乏選用豬肉本身味道非常濃郁的黑毛豬肉或進口的品牌豬肉。

通常，飼養6～7個月的雌豬味道最鮮美，不過，夏季期間豬肉味道較差。據說屠宰後3～7天的肉品最好吃，但因豬隻品種不同，豬肉味道也各不相同。某些專門店就曾表示，肉質佳的豬肉頂多佔10％，通常不超過5％。

就部位而言，大、小里肌肉應為炸豬排店家之首選。話雖如此，近年來，市面上已經出現不再堅持使用炸豬排專用的厚片切方式，因為使用薄肉片而大受歡迎的炸豬排專門店也陸續登場。

●小里肌肉●●●●

小里肌肉份量非常少，一條豬只能取得約1公斤小里肌肉（約可取得7．2公斤大里肌肉）。因此，目前係以進口小里肌肉佔絕大多數。選用進口的冷凍肉品時，應避免使用已經在滴水的肉品，原因是該肉品的甜度已經流失。可就肉色等外觀進行辨別，應選購肉有光澤，散發著粉紅色澤的肉品。購買肉片時，必須檢視肉片切口。相較於其他部位的肉，小里肌肉的肉質較細緻，因此，必須仔細分辨肉質是否細緻均勻。

●大里肌肉●●●●

和小里肌肉一樣，必須選購瘦肉部分有光澤，粉紅色部分略帶灰色的大里肌肉。最好購買脂肪為新鮮的純白色、看起來相當結實、有光澤且肉質細緻的大里肌肉。質地太軟的脂肪味道較差，選購起來並不困難。僅限於大里肌部位，脂肪呈現霜降狀態的大里肌肉被視為最高級的大里肌肉。但，其中不乏中看不中用，味道非常差（稱之為「水豚」）的豬肉。

肩胛里肌的肉質比大里肌肉粗，肉中適度地夾雜著脂肪，肉味較濃厚。若以享用豬肉美味而言，肩胛里肌也是不容忽視的部位。但，較大的筋膜必須事先剔除。

●其他部位●●●●

腿肉價格低廉，風味絕佳，缺點是肉質稍硬，比較適合切成薄片，夾上餡料，炸成肉捲等。此部位為運動量較大的肌肉，因此，相較於大、小里肌肉，肉質較粗，不過，肉味鮮甜。和其他部位一樣，最好選購彈性佳，色澤粉紅的肉品。

麵粉

麵粉的種類可大致區分為高筋麵粉、中筋麵粉、低筋麵粉，其中差異因小麥原料而不同，依序為使用硬質小麥、中間質小麥和軟質小麥，並依據麵粉的麵筋含量多寡分類。高筋麵粉的麵筋含量最高，粉粒較粗，因此，粘性強勁，彈性十足，廣泛用於製作麵包、披薩或油麵等食品。低筋麵粉的粉粒細緻，麵筋含量較少，常用於製作不需要粘性的油炸食品或蛋糕。

炸豬排時使用麵粉的理由之一為防止肉片中的甜味流失，另一個理由為促使肉片和麵包粉沾粘，避免麵包粉外皮剝落。為了達到上述作用，肉片表面必須是均勻地沾上麵粉的狀態。使用粉粒較細的低筋麵粉，肉片才能薄薄地、均勻地沾上麵粉，而且，低筋麵粉使用最普遍，價格最低廉，因此，通常是使用低筋麵粉。

炸油

製作油炸食品時最廣泛使用的油脂為植物性油脂和動物性油脂。

動物性油脂，如取自豬隻的豬油、取自牛隻的牛油。油炸豬排時最廣泛使用的是豬油，因相容性絕佳。用豬油炸出來的豬排不容易殘留油脂，外皮酥脆、風味絕佳，缺點是容易造成胃部負擔。因此，近年來，店家比較喜歡將豬油和質地較輕的植物油混合使用。

最常見的植物性油脂，如白絞油（沙拉油或大豆油混合菜籽油等）、玉米油、棉籽油等。將白絞油或棉籽油等質地較輕且比較適合用來炸東西的油脂，和豬油、芝麻油混合使用的炸豬排店家非常多，混合比率視店家而定，店家通常依喜好或成本考量選用炸油。

其次，以油炸專用油名義販售，作業性、安定性俱佳的棕櫚油等油脂使用起來也非常方便。近年來，因為消費者越來越注重健康，所以，越來越多店家使用100%純植物性油脂。

高麗菜

附在炸豬排旁邊的高麗菜絲口感爽脆，肩負著消除口中油膩感的重要任務。高麗菜是一年到頭都買得到的蔬菜。不過，易因時期不同、產地改變而出現或多或少的味道上的差異。

盛產於3～5月間的春季高麗菜的特徵為葉片厚、葉脈粗、水分多、質地柔軟，因此，非常適合生吃。2月份起上市的冬季高麗菜葉片較硬，可享受到甘甜脆嫩的口感。

葉片顏色為嫩綠色，且彈性和光澤度俱佳，才是新鮮的高麗菜，選購時務必仔細辨別。最好挑選菜心部位之切口約台幣五十元大小，且沒有發黑現象的高麗菜。

於春季期間購買時，最好挑選葉片包合蓬鬆，且拿在手上時感覺比較輕盈者。此季節的高麗菜含水量較豐富。

高麗菜切絲後應避免泡水過久，以免甜味流失。

冬季期間最好挑選葉片包合緊實，拿在手上時有沉甸甸的感覺的高麗菜。

雞蛋

結合麵粉，並避免麵衣剝落，肩負此重責大任的就是雞蛋。炸豬排時，通常使用直接打散或加水打散的雞蛋，使用任何一種方式都不影響效果。雞蛋打散後狀態太濃稠時，必須用水稀釋才使用，才可避免裹上麵包粉的肉排看起來黏糊糊的。

某些店家會以雞蛋、麵粉和牛奶混合而成的麵糊取代雞蛋。比起單純使用蛋汁，使用麵糊的優點是肉片更容易沾粘麵包粉，缺點是麵糊濃度太高時，並不容易裹出薄薄的麵衣，因此，必須仔細拿捏麵糊的調配比例。

新鮮雞蛋的挑選要點，過去，大家都認為蛋殼表面比較粗糙才是新鮮的雞蛋，而表面太光滑就是不新鮮的雞蛋。現在，市面上販售的雞蛋大多經過水洗才出貨，因此，再也不能就蛋殼的表面狀況選購雞蛋了。最好是選購整顆看起來光滑細緻的雞蛋。

買回家後，將雞蛋放入鹽水中即可更清楚地確認雞蛋的鮮度。雞蛋鮮度下降時，蛋中水分就會從蛋殼表面的氣孔蒸發，稱之為「氣室」的空氣出入口（雞蛋上較圓的一側）變大，比重變小，雞蛋因此能輕易地浮出水面。

打破蛋殼觀察雞蛋內部時，蛋黃渾圓、蛋白濃稠且充滿蛋殼者就是新鮮的雞蛋。此外，打破蛋殼時，蛋黃蛋白不輕易地脫離蛋殼者就是新鮮的雞蛋。雞蛋尺寸和蛋黃大小並不會成比例，不管雞蛋多大或多小，蛋黃的重量幾乎都一樣，因此，將雞蛋打散後用於製作炸豬排時，最好挑選比較大顆的雞蛋。

購買後，將雞蛋存放冰箱時，最好將較尖的那一頭朝下擺放。

麵包粉

麵包粉種類可分為新鮮和乾燥兩種，兩種類型又分為細粒和粗粒，最好依據肉的種類、油炸方式或炸好的豬排外型挑選麵包粉的類型。

使用新鮮麵包粉的優點為使用方便，且和材料（不只是用來炸豬排）的相容性絕佳。裹上新鮮麵包粉可炸出質地軟嫩、表皮酥脆的好口感。此外，因為麵包粉「新鮮」故不容易焦黑。需較長油炸時間的豬排或碎肉排等，及處理肉片較厚或脂肪較多的炸豬排時，最適合使用新鮮麵包粉。油炸這類食品時應儘量使用粗粒的麵包粉。最近，市面上陸續出現吸油少、瀝油效果佳、可炸出絕佳風味等類型的麵包粉。

相反地，油炸小里肌肉排等馬上熟透或小小的肉串等油炸食品時，使用乾燥的細粒麵包粉亦可炸出香鬆酥脆的表面，缺點則是容易焦黑。因此，必須特別留意油炸時的溫度和時間。不需要特別重視口感，希望透過加熱營造香氣時，通常使用乾燥的麵包粉。因此，炸馬鈴薯可樂餅或白肉魚等味道較清淡的素材時，比較適合採用乾燥類型的麵包粉。此外，乾燥麵包粉的保存效果遠優於新鮮麵包粉。

繼而，用手直接將食材裹上麵包粉時，易因手捏部位裹不到蛋汁或麵糊而導致食材無法均勻地裹上麵包粉，無法炸出完整漂亮的肉排。油炸大里肌肉排時，將竹籤插入肥肉和瘦肉之間的「筋的部份」，然後沾上麵粉和蛋汁後才裹上麵包粉，並放入適當溫度的油鍋中，即可解決上述問題。利用這種方式即可炸出外型非常漂亮的豬排。

日式炸豬排・油炸食品

美味之科學理論

油炸食品是任何時代都不會受到動搖的人氣菜色。油炸食品好不好吃，食材差異的影響當然不小，油品的種類或特性、油炸的方式或時間，對於好吃程度的影響更為深遠。本單元將從科學角度，試著該運用什麼樣的巧思或訣竅才能烹調出更香更好吃的「日式炸豬排」和「油炸食品」，進行更深入的探討。

烹調油炸食品」之特徵

名為稱「油炸」的烹調方式

油炸食品是利用液體加熱食材的烹調方式。雖然同樣是利用「液體」來煮食物，但油炸食品和「以水為媒介所煮出來的食品」用的條件完全不同。

首先，談談以水為媒介的烹煮方式，食品素材中也含水分，因此，水和素材關係非常密切。油炸食品時，加熱媒介為所謂的「大量炸油」，這是與水的性質完全不同的異質物質。「油和水」通常被視為非常難相容的兩種物質。

其次，同樣是加熱食品，以水為媒介時，加熱溫度幾乎不超過１００℃，油炸食品加熱溫度通常高於１００℃。繼而，素稱「油炸」的烹調方式的另一個特徵是促使材料中的水分蒸發，而且，油分會趁著水分之蒸發而進入食材中，產生其他烹調方式難以達到的水油交替效果。

以上介紹的兩個條件和油炸食品的美味程度關係密不可分。

探討油炸食品的美好滋味

接下來讓我們一起來思考一下油炸食品特有的美好滋味吧！

油炸食材時通常是以１００℃以上的高溫加熱，溫度接近１８０℃時，食材中的水分會揮發殆盡，麵衣的表面就會產生化學變化。麵衣變成酥脆的金黃色就是因為化學變化的關係。麵衣上就會形成素稱「類黑精素（※１）」的物質。類黑精素散發濃郁香氣，具備刺激食慾的作用。從西點店鋪飄散出來的烘烤糕點香味就是類黑精素的香味。

此外，經過１８０℃高溫加熱後就會散發出素稱「油炸風味」的油品特有加熱味道。此味道和加熱後容易氧化的亞麻油酸等物質有關。油脂經過加熱後，亞麻油酸遭到氧化，就會再度引發聚合反應，演變成更複雜的物質，散發特有的香味。類黑精素和油炸風味這兩種香味具備誘發食慾、讓人覺得油炸食品更好吃的效果。

繼而，以油為媒介加熱時，食材中的

※１ 類黑精素（Melanoidin）
食品炸烤成金黃色後散發出來的香味統稱「伯朗風味（Brown Flavor）」，伯朗風味又分為類黑精素、油炸風味（Deep Fry Flavor）、焦糖味三種。類黑精素為胺基酸和糖分一起加熱，溫度超過１５０℃時形成化學反應後產生的物質，蒲燒鰻、白飯鍋粑或照燒香味等就是類黑精素。油炸風味為油脂加熱後形成化學反應而產生的香味，從名稱上即可了解到，煎或油炸出來的食品香味就屬於此香味。布丁淋醬或咖啡烘焙時散發出來的則是焦糖香味。

甜味就會因為水分蒸發而濃縮。麵衣部分則因水分被油脂取代而散發油香味並產生酥脆的口感。該口感增添了美味的程度。油炸食品的美好味道和以蒸煮及燒烤方式所烹調出來的菜餚大不相同，其他方法絕對無法烹煮出油炸食品的好味道。蝦虎及柳葉魚等味道清淡，以其他方式烹調不出好味道的這類食材，經油炸卻都成了美味佳餚。由此可見，油炸食品的魅力。

「油炸食品」之特徵

依食材分類之特徵

接下來讓我們依食材分類，了解一下油炸食品的優點和味道特徵吧！

豬肉（日式炸豬排）

目前，日本國產豬肉的脂肪越來越少。主要原因為出售前的飼養成本太高，故養豬戶選擇肉質安定、取肉量較大的大型豬種且成長速度較快的豬種，培養出脂肪堆積在皮下、水分較多、脂肪較少、瘦肉較多的豬隻。屠宰後，切除堆積在皮下的厚厚脂肪層，僅留下瘦肉部分，因此，市面上看到的都是脂肪非常少的豬肉。

這種脂肪非常少的豬肉經過加熱就會嚴重收縮，呈現乾燥粗硬的口感。唯一能防止上述情形發生的就是「油」，讓油滲入上述肉質狀態，即可處理出質地更軟嫩、口感更美好的肉品。

製作炸豬排時，除加入油的效果外，也因為高溫加熱逼出多餘的水分而促進油脂吸收。結果，大幅提升了肉排的風味和口感。

牛肉（炸牛排）

和豬隻的飼養情形一樣，大部分牛隻也是以強制營養法方式飼養長大的。此外，即使與和牛相比，公的小乳牛所佔的比率仍較高。近年來，牛肉的進口量陸續攀升，越來越難從味道分辨（※2）豬肉和牛肉了。

這些肥育牛或進口牛的脂肪都非常少，因此，和先前提過的豬肉一樣，添加油脂後即可增添脂肪味道，提升肉品風味。

魚貝類

魚貝類也一樣，最近，越來越少買到味道鮮甜的魚貝類，原因為大部分魚貝類都經過冷凍處理了，近海魚貝類越來越少，遠洋漁業捕撈或進口水產品比率則越來越高。

魚貝類中不乏味道鮮美的新鮮貨，不過，大部分魚貝類於捕撈後擺放一段時間，在纖維糖酸（※3）等鮮味成分釋出狀態下，味道反而更鮮美。令人遺憾的是，大部分魚貝類都是在捕撈後馬上就進行冷凍處理。魚體內形成甜味物質（纖維糖酸）時，酵素會發揮功能，立即冷凍的話，酵素就沒有時間發揮功能，因而無法充分形成鮮美的味道。不過，別擔心！採用所謂「油炸」的烹調方式，即可藉由麵衣、炸油的味道及加熱後形成的風味等有效地提升食材的風味。

尤其是魚貝類，魚貝類的蛋白質呈纖維狀，如果不裹麵衣而直接加熱，就會嚴重收縮。因此，加熱前裹上麵衣即可延緩收縮速度。防止素材嚴重收縮即可烹煮出更軟嫩的好口感。

可樂餅

可樂餅也是非常具代表性的油炸食品之一。可樂餅外皮的酥脆感和馬鈴薯內餡的軟棉口感形成了強烈對比，這就是可樂餅的魅力所在。經油炸即可巧妙地為油分非常少的馬鈴薯增添油脂風味。

※2 豬肉與牛肉之區別

豬肉與牛肉味道確實有明顯的差異，不過，假使只比較蛋白質成分，事實上，兩者並無太大差異。形成肉味特徵的是脂肪部位，因此，可以說脂肪酸成分的差異就是造成肉品味道差異之主因。主要特徵為牛肉中以飽和脂肪酸「棕櫚酸」和「硬脂酸」含量較高，豬肉中則以不飽和脂肪酸「亞麻油酸」含量較高。

※3 纖維糖酸（Inosinic Acid）

最具代表的味道為柴魚的味道，富含於魚貝類或肉類等食品中。活的魚類或剛處理好的肉類中含量不高。纖維糖酸含量隨死亡時間而增加。

因此，製作時必須將外皮炸得金黃酥脆。

油炸食品的麵衣功能

麵衣在油炸食品方面肩負著非常重要的任務。因此，讓我們一起來探討一下適用於調配麵衣的材料吧！

麵粉

油炸食品時，通常會先將食材沾上麵粉，裹上麵衣。沾麵粉的主要目的是想利用麵粉中的麵筋使材料和麵衣結合在一起。其次，食材上殘留游離的水分，油炸時易產生油爆或導致麵衣剝離，故若沾麵粉即可吸除食材表面的水分，避免上述情形發生。

雞蛋

雞蛋為蛋白質，因此，經加熱就會凝固。使用雞蛋就是運用該特性巧妙地運用雞蛋的凝聚作用，以避免麵衣剝離。其次，雞蛋蛋白質中的胺基酸富含離胺酸。離胺酸和醣類一樣，加熱至180℃時就很容易產生化學反應而形成類黑精素等香味物質。麵粉蛋白質中的離基酸含量非常低，不足以形成「產生優質類黑精素」的條件，因此，最好配合使用離胺酸成分較高的雞蛋。

麵包粉

麵包粉是裹在油炸食物最外層的麵衣。因此，油炸時最容易形成水油交替狀態。麵包粉上的水分完全蒸發後，油會進入麵衣中而呈現酥脆狀態，即可將食材油炸成酥酥脆脆的狀態。

在以麵包粉為材料的麵包中，除麵粉外，通常會添加牛奶、醣類、起酥油等脂肪類成分，這些成分和油一起加熱後很容易產生各種問題。

首先談談牛奶，牛奶含乳糖和蛋白質，放入炸油中加熱後，類黑精素太早形成，下一個階段很容易就演變成焦黑狀態。換句話說，食材還沒有完全炸熟，表面很可能已經被炸得焦黑了。

其次，糖類的問題為保水能力高，放入油鍋加熱後，麵衣中的水分無法充分釋出，就無法充分發揮水油交替效果。

此外，濃縮的糖類經過加熱後，就會形成糖果狀態，咬起來會咔滋咔滋響。這也是無法炸出酥脆口感的主要原因。

麵包粉所含的脂肪如同麵包粉一般，在乾燥狀態下都很容易氧化，脂肪一旦氧化，風味盡失。而且，此脂肪也會影響炸油。麵包粉的脂肪釋放炸油中，易加速炸油劣化。

麵包粉嚴重影響油炸食品味道的主要原因是，油炸食品進入口中後最先接觸到的是口腔的粘膜和牙齒。食品的味道和質地（※4）關係非常密切，具備食品美味程度因素一半以上影響力。因此，使用的麵包粉品質非常重要。麵包粉越新鮮越好，這種說法經常聽到。事實上，「新鮮」未必就一定好。使用副材料較少的麵包粉才能炸出表面金黃酥脆、質地更好、口感更棒的油炸食品。

應選用條件好的麵包粉。新鮮的麵包粉分佈著許多氣孔，用於烹調油炸食品時，容易形成油水交替效果，炸出酥脆的口感，使食材呈現風味絕佳的狀態下。相反地，使用乾燥類型的麵包粉時，麵包粉收縮就失去了多孔質狀態，油炸時就無法炸出酥脆的口感了。

此外，麵包粉的粉粒大小也會影響油炸食品的嚼勁。粉粒太細容易炸出硬梆梆的口感。使用粉粒較粗的麵包粉的話，油炸後麵衣上的粉粒容易脫落，吃起來滿嘴粉渣，無法炸出讓人頻呼好吃的油炸食品。

此外，粉粒大小不一也無法形成美好的口感。因此，裹粉前必須設法調整粉

※4 質地（Texture）
彈性、滑潤程度、易碎程度、粘性、硬度等各種因素刺激牙齒或口腔內粘膜的綜合表現，是對味道造成嚴重影響的要素，通常佔美味程度的60～65%。

粒大小。

油的重要性

什麼樣的炸油才能炸出金黃酥脆的油炸食品呢？

如前所述，形成油炸是食品的特徵以油為媒介的加熱方式。表面油膩膩的油炸食品，看起來一點也不好吃。因此，必須想辦法炸出不吃油的油炸食品。

油炸食品吃不吃油和構成油脂的脂肪酸（※5）關係至鉅。油為脂肪酸和甘油之結合物，其性質因脂肪酸種類而有重大變化。即使是在不飽和脂肪酸中，還是油酸成分越高的炸油比較能炸出酥脆口感、特別不吃油的炸油食品。「油酸（oleic acid）」係指只有一個不飽和部分的脂肪酸（單價不飽和脂肪酸）。

坊間常見的植物油都富含素稱「亞麻油酸」的不飽和脂肪酸成分。這是有兩個不飽和部位的脂肪酸（多價不飽和脂肪酸）。使用亞麻油酸比率較高的油，易炸出表面油膩膩的油炸食品，難以炸出酥脆的口感。亞麻油酸成分較高的油脂種類如大豆油、棉籽油（※6）、玉米油、紅花油、葵花油等，其亞麻油酸比率高達50％左右。

相反地，使用油酸比率較高的油就可炸出口感酥脆的油炸食品。過去的棉籽油中的油酸比率較高，可炸出酥脆的口感，近年來因極度精製化，油炸效果和大豆油已無明顯的差別。

油酸比率較高的油脂如橄欖油、花生油、豬油等，以及近年來運用生物技術開發出來的高油酸紅花油，此油和橄欖油一樣，油酸比率高達70～80％。

此外，亞麻油酸含量相當高，油酸比率大概，只有一半的油脂，如菜籽油、米糠油、芝麻油等。使用這些油也可炸出比較酥脆的口感。不過，效果還是低於油酸比率較高的油。亞麻油酸經過加熱即具備增添油炸香味的效果。不過，事實上，使用油酸比例較高的炸油，靠其中所含的亞麻油酸，即可充分炸出香味。

順便一提的是，目前市面上已經買得到業務專用炸油了，該油料是從棕櫚油中分離並精煉而成的，且命名為「palm Olein」，專門用於油炸食品。這是一種融點低、安定性非常高、作業性絕佳的油品。以這種油為炸油時，添加少許棉籽油或大豆油等，即可炸出味道更香濃的油炸食品。

炸油之劣化與味道之變化

炸油劣化主因油品加熱和材料中的脂肪溶出。油脂氧化是主要的劣化因素，繼續氧化的油脂相互結合後就會呈現黏稠狀態。

檢測油脂的粘性就會發現劣化油的黏度數值非常得高，換句話說，就是油脂的黏性變高。炸豬排或油炸食品時若使用已經劣化的炸油，瀝油效果就會變差，且無法使該油炸食品呈現酥脆狀態。不過，只要添加新的油脂即可多次重複使用。油脂中，不飽和脂肪酸的亞麻油酸含量較高時，該油脂最容易產生劣化現象。另一方面，同為不飽和脂肪酸，以油酸為主的油脂比較容易氧化。其次，屬於飽和脂肪酸的硬脂酸成分較高的油脂，比較不容易出現味道劣化（※7）情形。

問題是製作油炸食品或炸豬排時不可能單純是把油脂加熱，而是都會混到材料釋放的油脂或血液等物質。血液中的血色素所含的鐵質最容易促使油脂氧化。設法避免材料所含血液等物質溶解入炸油中，即可避免油脂氧化情形發生。這就是炸豬排時必須均勻裹上麵衣的主要原因。

※5 脂肪酸
脂肪酸為油脂的主要成分，種類繁多，可依據脂肪酸中的碳原子數或其結合方式分類，大致區分成不具備結合部位的飽和脂肪酸和具備兩個以上結合部位的不飽和脂肪酸。

※6 棉籽油
從已取走棉花的種子所榨出來的油脂。風味絕佳，不易氧化，廣泛被當成沙拉油使用。

※7 味道之劣化
油炸食品擺放太久就很難維持麵衣的酥脆口感。使用的炸油以飽和脂肪酸為主時，炸熟的食品擺放久一點，味道也不會產生太大的變化。

除上述作用外，裏麵衣也有防止食材中的成分溶出等作用。

有助於油炸出美味佳餚的鍋具條件

「能炸出美味佳餚的鍋具」的首要條件就是，鍋具必須能讓炸油的溫度平均分布於鍋中，而且食材放入鍋中時，下降的油溫必須能在短時間內立刻，回溫。使用大量炸油時，較不會出現問題，但油量較少時反而較容易出現問題，因此務必要注意。

炸油用量較少時，必須蓄積必要熱量才能維持炸油溫度。使用大量的炸油時，因炸油本身的體積大，相對地，炸油所儲備的熱容量就非常大。反之，使用炸油較少時必須利用鍋具的熱容量。因此，鍋具材質就非常值得深入探討。

鍋具本身的熱容量非常大，具備及早為整鍋炸油補給熱量的作用，這就是油炸鍋具必須具備的條件。為了符合第一個條件，鍋具最好選用熱傳導率低，整體溫度上升需要花較長的時間，但熱量一旦蓄積，馬上就會釋放出來，使油的溫度迅速回升者。就材質而言，鐵鍋最符合這些條件，而且應儘量選用較厚的鍋具。

為了符合第二個條件，應以熱傳導率非常高的金屬為佳。銅或銅合金鍋具就相當符合此條件。

銅鍋的熱傳導率高，能將熱量迅速傳至整鍋炸油，使用銅鍋即可。不過，黃銅等銅化合物材質的鍋具使用起來更方便。因為，使用黃銅鍋具時，即使只是在某個部位加熱，該熱量也會迅速傳遍整個鍋具，因此，油炸食物時，即使少量的炸油依然能迅速供給熱量。

探討炸豬排之美味

味道之特徵

即使是同一條豬，還是可能因為取肉部位不同而取出味道各不相同的肉，主要為肉品中的脂肪成分差異所致。

大、小里肌肉的味道差異也在於上述脂肪份量差異方面。尤其是小里肌肉，小里肌肉的脂肪含量非常少，因此，必須添加油脂味道才好吃。當然，所添加的必須是味道美好的油脂，而且，必須從添加手法上下功夫。

其次，單純燒烤和炸成肉排，味道上也會有重大的差異。燒烤時，脂肪在空氣中加熱，散發培根似的香味。相對地，採用炸豬排等的烹調方式時，肉片會先裏上麵衣才放入炸油中加熱，完全是在隔絕空氣狀態下處理，因此，烹調出的味道聞起來香甜可口。

此外，口感上也會出現差異。燒烤時水分會不斷蒸發，而裏上麵衣炸成的肉排，豬肉中會留下某種程度的水分。因此，相較於直接火烤，採用油炸方式可將肉品處理得更軟嫩多汁。

日式炸豬排（Tonkatsu）和西式炸肉排（Cutuletu）之差異

西式料理的炸肉排（Cutuletu）和日式西餐的炸豬排（Tonkatsu）到底哪裡不一樣呢？

西式炸肉排（日語讀做Cutuletu），法語為「côtelette」，英語為「cutlet」，據說是因為讀音聽起來像「cutuletu」而一直被這麼稱呼著，西式炸肉排是一種利用奶油煎烤切成薄片的肉品的烹調手法。在歐美國家所謂的「fry」是指食材未浸泡在油中，而以少量的油將食材炸熟。而以大量的油將食材炸熟的方式則稱為「油炸(deep fry)」。歐美國家是以如此的方式來區

分。而日式炸豬排所採用的烹調方式則是後者。

做出上述區分主要是因為兩種方式會烹調出不同的結果或風味。採用ｆｒｙ方式者，即使裹上麵衣，加熱時，材料還是會接觸到空氣。而採用油炸方式者，材料將在完全沒有接觸到空氣的狀況下進行加熱。因此，會處理出差異非常明顯的肉品風味。西式炸肉排的水分蒸發量較大，因此，日式炸豬排的軟嫩滑潤口感優於西式炸肉排。

到底採用哪種烹調方式比較好呢？必須視豬肉狀態而定，不能一概而論。以肥育方式飼養出來者的脂肪較少、水分太多，必須將水分減少到某種程度才能烹煮出好滋味這種情形屢見不鮮。

日式炸豬排配上高麗菜的理由

日式炸豬排通常會配上高麗菜，這是一個非常符合科學理論的作法。因為，生吃高麗菜可消除食物引起的油膩感，其作用完全來自高麗菜中的維生素Ｕ，此成分具備保護胃部、抑制油膩感或減輕胃部負擔等作用，因此，非常適合搭配油炸食品。高麗菜不耐熱，因此，搭配生鮮狀態的高麗菜最為理想。

其次談到高麗菜的味道（※８）。新鮮高麗菜具備適度的甜味，口感也相當爽脆。為了提升上述口感，會採用泡水方式。問題是泡水過後，很可能因為高麗菜的切法不同而出現維生素Ｕ在效果上的差異。因為，將高麗菜切成細絲後泡水，維生素Ｕ和Ｃ等有效成分就會溶入水中。因此，可考慮切成大塊或切成某種粗細度後泡水的方式。

高麗菜浸泡冰水即可增進口感，此情形和細胞狀態有關。先談談冰水的效果，溫度降低時細胞膜會收縮，且細胞裡的水分幾乎是快要撐破細胞膜的狀態。其次，構成細胞膜的果膠處於低溫狀態時會變硬並失去彈性。因此，咀嚼高麗菜時，就會像是把細胞咬到爆烈開來似地，爽脆口感是這麼構成的。

其次，水分也會被吸入細胞中，細胞中的液體量增加，細胞更容易破碎。這也是吃高麗菜時觸感非常好的影響因素之一。此外，冰水中添加食鹽時，細胞中的水分會因為滲透壓作用而被引出細胞外，細胞軟化，口感變差。

（資料來源：旭屋出版刊物『料理與食系列No.２）
河野友美《日式炸豬排‧油炸食品 味道科學★美味科學》

※8 高麗菜的味道
高麗菜越新鮮越好吃，因為高麗菜的葡萄糖含量非常高。高麗菜存放期間要儘量將溫度維持在低溫狀態，抑制呼吸作用發生（存放在氧氣較稀薄的環境中），即可避免葡萄糖成分流失。

從科學角度探討烹調機器「油炸機」

油炸食品變得更美味可口

走過肉舖子前，總是會聞到香噴噴的油炸食品味道。忍不住當場掏腰包買上一份，趁熱大快朵頤一番。有過這種經驗的人一定不少吧！肉舖老闆賣的可樂餅為什麼那麼吸引人呢？肉舖老闆都是用油炸機炸可樂餅是其中一項原因。

每家店都端出美味可口的油炸食品

販賣優質肉品的精肉店，早在油炸機開發之前，就在舖子裡賣著油炸食品以可樂餅為最具代表性產品，問題是利用鍋子實在很難炸出美味可口的油炸食品，必須靠非常純熟的技巧才行。

直到油炸機器成功開發及銷售後，幾乎人人都能炸出品質均一又美味可口的油炸食品。油炸機上市後，以精肉店開始，連魚店都將油炸機器視如珍寶。因為店家可利用油炸機器處理鮮度較差的竹莢魚或沙丁魚，因而能大幅減少損失。

精肉店也一樣，原本因為負責油炸工作者不同而總是炸出品質不一的油炸食品，但採用油炸機之後，不管是誰負責油炸工作，店裡永遠都能提供品質相同的油炸食品。

油炸機為什麼能炸出媲美純熟料理師父所炸出來的食品呢？

首先，好吃的油炸食品給人的印象是外皮香酥、內餡熱騰騰且美味多汁。想炸出這麼理想的油炸食品必須齊備「隨時都保持得很乾淨的炸油」、「以高熱量提升炸油溫度」、「精準控制溫度與維持溫度」這三大條件。

這些要素必須技術純熟的料理師父才能兼具，並不是任何人都能輕易辦到。

尤其，炸油必須隨時保持得非常乾淨，販賣油炸食品的店家不可能每次製作油炸食品都更換新鮮的油品，對於精肉店等肉舖而言，這麼做更是難上加難。其次，提高油溫後為了維持油溫的熱量，一般家庭使用的熱源畢竟有限，必須靠技術來彌補這方面的不足。

在這個時候，油炸機登場了！每家店都能提供品質穩定的油炸食品，可說完全是因為油炸機順利突破炸出美味食品的種種難關並普及運用的結果。

穩定地保持在適當溫度才能炸出酥脆好口感

接下來讓我們一起來探討利用油炸機炸出最理想的油炸食品的原因吧！第一個原因就在於油溫。「油炸食品好不好吃」其關鍵在炸油的溫度。使用油炸機時，只要將溫度設定在170～180℃的適當溫度區間，油溫就會自動上升並維持穩定。

油炸時的必要熱量也一樣，家庭用平底鍋熱效率約在25～30％之間，以瓦斯型油炸機為例，其熱效率高達46％，相較於平底鍋，其可透過更高的熱量和熱效率來處理油炸食品。

例如：使用平底鍋，以家庭用熱源來油炸食材時，將食材放入適當溫度的炸油中，炸油溫度就會下降約30℃。炸油要花多久的時間才恢復到適當的油溫，食材就必須花多久時間才能完全加熱。油炸時間拉長，食材就會因為吸收到多餘的熱量而失去鮮美的湯汁。

麵衣也會因此吸入多餘的油分，因此，很難炸出外皮酥脆的理想油炸食品。通常，食材中的水分是經過油炸而蒸發的，不過，食材倘若因水分過度蒸發而出現空隙，就會因為炸油從空隙入侵而無法炸出酥脆的口感。

而且，油炸機具備自動調節溫度功能，可避免溫度上升過度。因此，即使因放入冷凍食材而使油溫急速下降，也會因為高熱量和絕佳熱效率而使溫度迅速回升至適當狀態，因此，既可確保餡料中的水分，還可油炸出酥脆的口感。

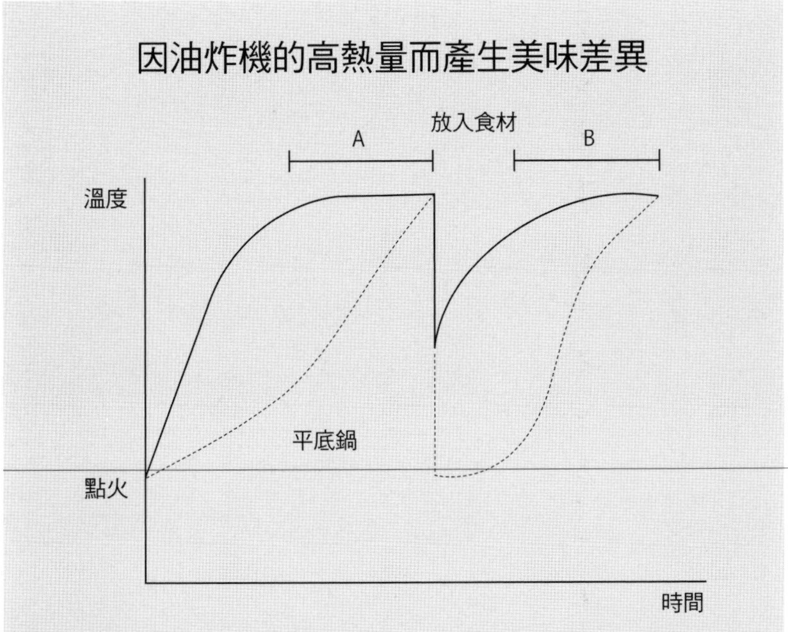

A　以高熱量和絕佳熱效率，迅速將炸油提升到適當的溫度。使用平底鍋時，熱源有限，需要較長的時間才能提升炸油溫度。

B　放入食材後，炸油溫度一度下降。高熱量的油炸機馬上就恢復到適當溫度。亦即：可利用最穩定的溫度炸出最美味的油炸食品。

炸油之對流及乾淨的炸油都是重要關鍵

為了用高熱量油炸食材，油炸機的炸油對流機制也設計得非常大。炸油的對流機制越精密，對流效率越好，越能充分加熱食材。

食材溫度通常低於加熱的油溫，因此，當炸油直接接觸到食材時，炸油油溫就會下降。對流狀況良好的話，熱油就不斷接觸到食材，使食材能更迅速地炸熟。

使用的炸油隨時都保持乾淨狀態也是重要關鍵。在家做過油炸食品的人都知道，油炸過程中，油渣會下沉至平底鍋或炒菜鍋底部。油渣燒焦會使炸油氧化，造成再也炸不出酥脆的口感。

上述情形和換油以及炸油之選購等關係匪淺，而且，炸油能不能隨時保持乾淨狀態也和油炸機的功能有非常密切的關係。

油炸機的構造

烹煮出美味可口的油炸食品，怎麼做才能符合這個條件呢？廚房機器業者對於油槽的深度、熱源的熱量、油炸機的大小和材質等都經過縝密的計算，並以獨家技術不斷研發出新產品。因此，表面上看起來大同小異的油炸機，實際上，各廠牌都有各廠牌的特色。

泛稱為「油炸機」的廚房設備，事實上，種類非常多。從使用瓦斯或用電等熱源差異到採用遠紅外線加熱、電磁誘導等加熱方法的差異，乃至配備輸送裝置的自動油炸機等，款式眾多，不勝枚舉。共同處為大部分油炸機都採用「中間加熱方式」。

把這種「中間加熱方式」說成油炸機威力的根本並不會太誇張。因為，此構造本來就是「提高熱效率，並以乾淨的炸油處理出美味可口的油炸食品」的最大關鍵。

中間加熱方式之優點

「中間加熱方式」（北澤產業株式會社開發的方式）是一種將供應熱源的加熱管穿過油槽內側中央部位的加熱方式，和用爐火從鍋底加熱的平底鍋加熱方式不一樣。炸油在油炸機正中央受熱後上升，加熱管只會加熱油槽上半部的炸油。採用此加熱方式時，在油槽內部會以加熱管為界，形成雙層溫差狀態。

上層溫度高達180℃左右，油炸機就是藉此部分油炸食材。下層則處在30℃左右的低溫狀態下，油渣等雜質下沉時，下層就扮演起承接油渣的重責大任。此構造正好和煮洗澡水一樣，浴缸上半部已經加熱了，下半部還像水一樣冰涼。

油炸機的油槽形狀在設計之初就已經針對油溫呈高低溫雙層狀態仔細計算過了。而且，油炸時是直接在油槽內加熱炸油，因此，熱傳導面積大，熱效率絕佳。

確保炸油鮮度才能炸出好吃的油炸食品

炸出美味油炸食品的條件之一為「使用乾淨的炸油」。油炸機最擅長的就是讓炸油隨時保持最新鮮的狀態，延長炸油的使用壽命。理由就是前面章節提過的「中間加熱方式」。炸油劣化主要是因為油渣積存鍋底，加熱後油渣燒焦導致炸油氧化。炸油劣化後顏色會變差，當然無法炸出好品質的油炸食品。以平底鍋油炸食材時，掉落的油渣就會沈入鍋底，因為是採用直接加熱方式，所以油渣更靠近熱源，且繼續加熱，炸油就因為油渣燒焦而提早氧化，加速劣化。

採用「中間加熱方式」時，食材都是在素稱「烹調區（cooking zone）」的油槽上半部進行油炸。油渣形成後會慢慢地沈入素稱「冷油區（cold zone）」且處於低溫狀態的油槽下半部。因此，沈澱的油渣就不會燒焦，除可防止炸油發生氧化或劣化外，油渣沈澱時處理起來更輕鬆。採用這種方式時，於烹調過程需視狀況補充炸油，即可達到隨時在新鮮狀態下油炸食材的境界。採用油炸

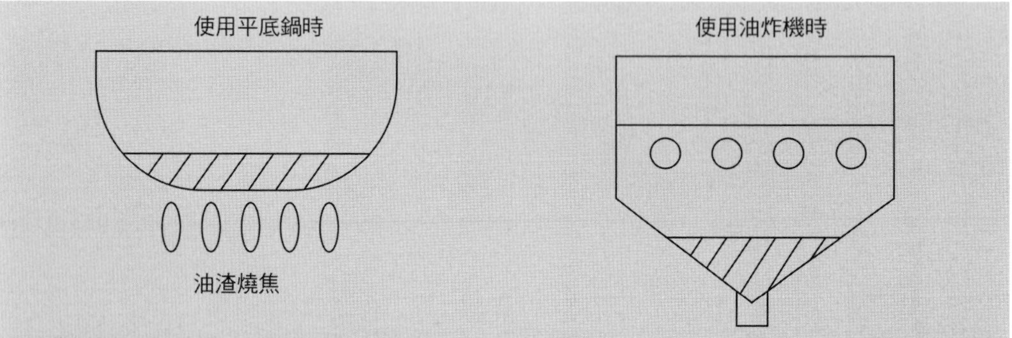

油渣積存鍋底，靠近熱源，一加熱就燒焦。燒焦的油渣氧化，炸油顏色變差，炸油本身提早氧化，嚴重影響油炸食品風味。

採用中間加熱方式時，熱源位於油槽中央，油槽下半部呈30℃低溫狀態。油渣沈入油槽底部也不會燒焦，因此，不會污染炸油。清除油渣即可延長炸油的使用壽命。

機時必須使用較大量的炸油，不過，實際使用的只有上半部的烹調區，而且，整鍋炸油形成對流狀態，冷油區會源源不斷地供應新鮮的炸油。再加上不會因為油渣沈澱而影響到炸油品質，且因加熱而導致炸油本身劣化的情形也非常罕見，反而可節省龐大的購油成本。

利用發熱管裝置大幅提升性能

為了提升油炸食品品質，各家廠商對油槽中使用的加熱管投注了龐大心力，成功研發出各種類型的油炸機，最具代表性的油炸機有遠紅外線油炸機和電磁誘導加熱式（ＩＨ）油炸機。

使用電磁誘導加熱式（ＩＨ）油炸機時，可採用低溫加熱方式，因此，食材中的水分不會過度流失。另一方面，加大發熱管的表面積，可彌補低溫加熱效果。採用電磁誘導加熱方式，可促使炸油形成對流。利用這些方法讓熱慢慢地且非常有效率地傳導至食材中心，即可炸出好口感。

使用遠紅外線油炸機和使用炭火一樣，利用遠紅外線的熱量使炸油活化並震動。利用高溫炸油之對流和已活化的炸油震動效果，確實炸熟食材中心部位，因此，此型油炸機用於油炸冷凍食品等食材時，最能發揮強大的威力。

遠紅外線的另一個重大特徵是可對食材的美味成分「麩氨酸」產生反應。因此，使用遠紅外線油炸機即可鎖住麩氨酸，促使多餘的水分揮發，留下濃縮的美好味道。這是一款可處理出值得深深品味的油炸食品的烹調工具。

採用油炸機後，就再也不需要調節溫度、高熱量或防止炸油劣化等的熟練技術，而且能更近一步追求美味。目前，具備更大附加價值及功能的機種已陸續開發。

油炸機種類

瓦斯型油炸機

熱源為天然瓦斯或液態瓦斯的油炸機。由於採用北澤產業研發的中間加熱方式的瓦斯油炸機，油炸機越來越普及。因此，瓦斯型油炸機可說是油炸機之元老機種。這是一款充分考量安全、具瓦斯防漏裝置、防止油溫過低裝置、隔熱結構等配備的設計，相當周全。

遠紅外線型油炸機

採用遠紅外線效果的油炸機。遠紅外線的主要特徵為「加熱食材時，都是從表面往內部加熱」。因此，可在保留表面水分狀態下使食材及早熱透，而且，油炸出來的麵衣不會吸入不必要的油分，可烹調出口感酥脆的油炸食品。另一個特徵是利用遠紅外線效果可烹煮出媲美炭火燒烤的好味道。

電磁誘導加熱型（ＩＨ）油炸機

此油炸機以電為熱源，使加熱管內的線圈形成巨大的誘導電流接著產生熱能。該熱能傳導至加熱管後會加熱炸油。為了在低溫狀態取得更大的電熱面積，提升熱效率以便加熱炸油，故特別加大加熱管，擴大表面積。炸油隨著加熱管表面發熱而形成對流，也是此款油炸機的特徵。

永晃產業株式會社產製電氣式油炸機，因為是業界首創微電腦和FUZZY控制系統者而備受矚目。該公司獨創的「特殊鋁鑄加熱裝置」，可在低溫狀態提昇加熱裝置的表面溫度，達到抑制炸油氧化的效果。因此，是一款安全性超群，充滿環保概念的最新型油炸機。此外，其大幅節省燃料或油料費用的效果也相當令人期待，因此，也是一款深具經濟效益的油炸裝置。

學以致用 炸豬排博士 雜學筆記

從法國料理進化為日式「西餐」，炸豬排已經深受日本國人喜愛長達百年之久。目前，無論是食材、吃法或醬料等也都因為個人喜好或地區差異而持續進化著，並變化出越來越多的吃法。閱讀本單元就能更深入且更廣泛地了解如此受歡迎的炸豬排的起源。

明治初期引進日本

和可樂餅等其他西洋料理一樣，炸豬排的始祖踏上日本國土也是在明治初年，那是社會風氣越來越開放的時期。當時被當成道地的西洋料理端上桌的是厚片牛肉的炸肉排（Cutlet）。該作法據說起源於充滿義大利米蘭風味的炸肉排（Cotolette alla Milanese）。

當時的烹調方式也和現在不一樣，通常將重約75g的仔牛肉塊拍打並延展成薄薄的肉片，然後裹上乾燥的麵包粉，放入平底鍋裡，以少量的食用油或奶油煎成仔牛肉排，也就是所謂的炸牛排。將上述炸肉排（Cutlet）做成日式西洋料理的炸肉排（Cutuletu），及演變成現在的日式炸豬排（Tonkatsu）的過程出現好幾種說法。

明治28年創業的東京・銀座「煉瓦亭」第二代經營者木田元次郎先生於明治34年（1901年）左右（另一個說法為明治37年）推出的炸豬排為其中一種說法。當初宣稱為最道地的法國餐廳且隆重地開張，卻因為使用的奶油或香料的菜色不合日本人胃口故乏人問津，店家因此不得不想辦法烹調出適合日本人口味的菜色。

店家絞盡腦汁終於得到靈感。店家參考炸蝦手法來處理厚厚的仔牛肉片，烹煮出炸豬排（Pork Cutlet）。但是，直到這個時候都還沒有出現「Tonkatsu（日式炸豬排）」這個名稱。

順便一提的是，炸豬排餐附上高麗菜絲的作法就是起源於煉瓦亭。據說當時日俄戰爭爆發，店裡的料理師父都被徵調去當兵，因為人手不足，無法繼續附上煮熟的蔬菜所以便附上高麗菜絲。靈感是來自只醃漬一夜的醬菜。店家試著附上切成細絲的高麗菜結果大獲好評，從此成了炸豬排的固定配菜。

創造出日式炸豬排的靈感為油炸食品

另一個炸豬排誕生的說法據說是在日本宮內廳御膳房西式料理部門的負責人島田信二郎先生於東京・上野御徒町「ぽんち軒」當廚師的昭和4年左右。「能不能將牛排似的厚肉片做成炸牛排呢？」聽說，該菜色在當時完全是為了因應客人要求而構思出來的。當時提供的類似目前的吃法，先分切出肉排，再用筷子夾起肉排大快朵頤。此外，島田信二郎先生就是目前的上野「ぽん多本家」的創始人。以上說法的主要特色都是「像製作油炸食品似地使用大量炸油，並採用油炸烹調方式，而不是採用「奶油煎炸方式」。

明治末年開業，爾後蔚為風潮的咖啡廳也漸漸將高級西餐店所提供的厚肉排納入菜單中。不過，一提到炸肉排（Cutlet），通常還是指炸牛排（Beef Cutlet）。

此外，同時期大街小巷已經開始賣著馬鈴薯可樂餅。起源於法語炸肉餅（Crogette）的可樂餅，顯然不是一出現就馬上成為大眾化的食品。顯然，可樂餅是因為食材便宜又容易取得故越來越普遍，很快地成為大眾化的食品，甚至漸漸地進入一般家庭。

油炸食品基本款的可樂餅正式登場

炸豬排（pork cutlet）和可樂餅出現重大轉機是在大正12年關東大地震發生後所引爆的豬肉大流行。西餐廳推出炸肉排的店家陸續增加，價格低廉的食堂也將其納入菜單中，使用豬肉的炸肉排終於漸漸受到消費者的認同。

可樂餅也在同一個時期迅速地成了大眾化美食，背後推手就是城鎮上的精肉店。當時的肉舖大多還在使用以冰塊冷藏的冰箱，經過冷藏的豬肉會變色，賣相差，店家因此想出利用豬肉製作可樂餅的點子，想辦法用滯銷的肉品，這麼

一來，即使是色澤稍微變黑的肉品也都用得上，再利用剩下來的豬油或牛油，就能炸出美味的可樂餅。剛炸出來的可樂餅迅速博得人氣，成為眾人喜愛的家常菜。

從炸牛排 搖身一變成為炸豬排

過去，必須到西餐廳才吃得到炸肉排（Cutzletu），一邁入昭和年代，炸豬排專門店便陸續登場。「とんかつ（Tonkatsu），即日式炸豬排」平假名炸豬排料理名稱，據說也是誕生於昭和初年。

大正10年，於神樂坂掛上「雙軒」招牌者，目前為「王ろじ」的第一代經營者於昭和初年開始使用「とんかつ（Tonkatsu）」名稱是其中一個說法。另一說法是前述ぽんち軒於昭和４年左右將原本使用的炸肉排（Cutlet）改成とんかつ（Tonkatsu）。說法眾說紛紜。起源於昭和5年開張，位於上野火車站前的「樂天」料理店掛出「とんかつ（Tonkatsu）」招牌又是另一個說法。此樂天供應的是「45錢、重50匁（約１９０ｇ）的一人份炸豬排」，厚度和份量好像用柴刀劈出來的。據說推出後盛大空前，連店前都掛上了「樂天大街」。目前，上野「樂天」已經歇業，僅存掛著「樂天」招牌的埼玉縣川越分店，招牌和筷子外袋上都寫著「炸豬排的命名之親」。

接下來談談麵包粉，目前以使用新鮮麵包粉為主流，當年係以乾燥麵包粉製作麵衣。從這項改變即可了解，炸豬排原本是西餐廳的菜色，因此，在西餐廳使用最廣泛採用的粗粒乾燥麵包粉比較方便。油炸時，大部分店家是使用豬油。炸豬排份量是慢慢地演變成目前的尺寸。

東京地區的上野御徒町周邊，大大小小的炸豬排老店林立，爾後又隨著地區的繁榮發展，炸豬排文化慢慢地形成。大阪地區的情形則大異其趣，大阪地區因原有的牛肉飲食文化而以炸牛排佔大多數，西餐廳盛及一時，炸豬排專門店一直到昭和10年以後才陸續增加。此外，直到現在還是輕食類型的串炸型炸豬排店比較受歡迎。

其他地區的炸豬排專門店也是到昭和10年以後才陸續開張，昭和初年至第二次大戰前，可說是炸豬排的全盛時期。

各地的炸豬排專門店陸續開張 炸豬排成了大眾美食

昭和16年至23年間，日本政府因太平洋戰爭爆發而管制物資，延續炸豬排或可樂餅之火一度熄滅。戰後，某些店家好不容易才透過黑市取得物資重新開張，卻因昭和22年～23年的政令，飲食店不得不再度停止營業。

政令中並未限制食品的銷售，上野的炸豬排店因此將座位改裝成廚房，將築地河岸邊買回來的魚蝦等油炸之後帶到車站周邊叫賣。據說，當時，根本買不到好品質肉品，業者賣的都是馬鈴薯做的可樂餅，甚至連雷魚、河豚都油炸來賣。

再度營業後，各地的炸豬排陸續開張。據說當時一客炸豬排的價格是一碗拉麵的十倍，炸豬排因而成了許多窮學生們心目中的夢幻佳餚。「希望過著隨時都能享用炸豬排的生活」成了庶民的夢想。

從人們夢想填飽肚子開始，炸豬排漸漸地匯聚人氣成為人們補充體力的食物，炸豬排份量慢慢地出現了競爭。據說，曾經有店家故意在麵衣中添加小蘇打，使豬排炸起來更蓬鬆更大塊。

炸豬排真正成為大眾美食是昭和35～36年以後開始，炸豬排終於和戰前就成為人氣家常菜的可樂餅一樣地一起納入各類型的飲食店菜單之中。

近年來，飲食健康意識抬頭，消費者對於油脂抱持著敬而遠之的態度，因此剔除油脂的大、小里肌肉越來越受歡迎。另一方面，以品牌豬肉為材料的炸豬排則不斷地匯聚在美食愛好者的人氣。

順應時代潮流的 炸豬排類型

東京可說是炸豬排的發祥地，地方上以名古屋的味噌炸豬排、大阪或神戶的炸牛排及炸肉串等，都非常有名。各地區繼續擴大範圍至豬排蓋飯，陸續地演化出非常多的炸豬排吃法。

說到豬排蓋飯，通常是指以雞蛋收汁的炸豬排餐，而岡山地區卻出現淋上多明格拉斯醬的炸豬排蓋飯；福井縣福井市或群馬縣桐生市則賣著醬豬排蓋飯；新潟縣則出現醬汁豬排飯（即大碗白飯蓋有淋了「醬油口味的醬汁」的數片炸豬排。但不附高麗菜等配菜）等吃法。全國各地陸續出現「不使用大碗，直接將炸豬排或炸牛排蓋在裝在盤子的白飯上，然後淋上類似多明格拉斯醬的醬汁，且命名方式各不相同」的各類型的炸豬排。

不賣炸豬排並將豬牛肝臟炸成「Liver Fry」而聲名大噪的是位於東京下町的月島。於昭和24年創業，店名為「瓢屋」，即使是日本國內也相當罕見的「Liver Fry」專門店，或是昭和27年掛上「Fry專門店」招牌重新開張的「佐藤」，這些店家以及高級肉品店也都將炸豬排和可樂餅擺在一起賣。除了「猛夾燒」外，還有月島名產Liver Fry，建議您不妨吃吃看，比較一下店家提供的醬料的味道或油炸方法等的差異。

可樂餅形狀為什麼不一樣呢？

家常菜舖和西式料理店提供的可樂餅非常不一樣，最大差異在於形狀。家常菜舖賣的可樂餅為橢圓形，相對地，西式料理店供應的則以長橢圓形可樂餅佔絕大多數。原因是，西餐廳將可樂餅做成形狀扁平的橢圓形擺盤較為美觀。因為必須形成高低落差擺盤起來才漂亮。事實上，目前都希望可樂餅形狀在擺盤時看起來更立體，且是在嘗試過飛碟型、洋梨型、蘋果型等形狀後才定型。其中，長橢圓形據說在大正7～8年間，銀座一帶的西餐廳最流行。

再談到家常菜舖賣的橢圓形可樂餅，其形狀目前為家常菜舖可樂餅的主流，家常菜舖必須在狹窄的廚房裡從事油炸工作，可樂餅縱向排放比較方便，故採用該形狀。

怎麼吃才能吃到更好吃的炸豬排呢？

一提到炸豬排的調味料，各位一定會聯想到刊頭所提到的炸豬排醬。到底該怎麼吃才能吃到更好吃的炸豬排呢？

據炸豬排專賣店老闆表示，最能令人嚐到豬肉甜美味道的調味料就是「鹽」。當然，各家炸豬排專賣店都會擺著炸豬排沾醬或類似醬料。不過，最能引出豬肉本身鮮美味道的確實是「鹽」。

重點是豬肉本身必須好吃，撒上味道簡單的「鹽」才會好吃。其次，假使麵衣吃油，就會搶走清淡的鹽巴味道。因此，必須選用高品質豬肉，由技術高超的料理師父烹煮出來的炸豬排才能這麼吃。

此外，不只在享用豬肉風味，吃炸豬排是一種同時會享受到麵衣風味的菜色。筆者認為，最好還是使用店家準備的炸豬排專用醬料。

因為媒體報導而更加貼近一般人的生活

日常生活所吃的菜餚也可能成為社會上廣泛討論的話題。炸豬排和可樂餅都屬於這樣的食品。

可樂餅最特別，早在大正9年就出現在帝國劇場上映的笑劇「多查丹尼（音譯）」（益田太郎冠者作）中唱的一首名為「經常出現的菜色就是可樂餅」的歌曲。從這裡即可明顯看出，明治年間引進日本的西式料理，已經漸漸深入一般日本家庭。

直到昭和年間炸豬排才成為話題。就在炸豬排漸漸以大眾化料理之姿成為一般人越來越普遍享用的食品，在昭和38年4月，森繁久彌先生主演的東映電影笑劇『喜劇炸豬排一代』正式上映了。據說該片是以上野地區的炸豬排店「井泉」及「雙葉」為背景，該片非常寫實地描寫了炸豬排專門店當時的狀況。該電影也是引領炸豬排風潮的因素之一。相對地，既然能成為電影的舞台，顯見炸豬排已經是深受消費者關心的食物了！

冷掉了還是很好吃 肉舖販賣可樂餅祕辛

肉舖的可樂餅好吃，並不是感覺而已，在作法方面一定有什麼秘密。因為店家都是以外帶為前提，餡料的調味及使用的麵衣都和一般家庭炸可樂餅時不一樣。

首先，肉舖調配的餡料都會添加白砂糖或冰糖等糖分。砂糖保水力佳，添加砂糖的餡料炸成可樂餅後，即使冷掉了還是風味不減。

其次，肉舖並沒有依照麵粉－蛋汁－麵包粉順序裹上麵衣，而是將麵粉、雞蛋和水調成麵糊，有些肉舖還會添加山藥泥或牛奶等才將餡料沾上麵糊，裹上麵包粉，這都是為了提升工作效率所想出來的好點子，也因用了這種方法，所以炸出來的可樂餅即使涼掉了，麵衣依然酥脆爽口。

肉舖用的炸油大多以豬油為主，故剛炸好的可樂餅香味撲鼻，香味維持很長一段時間。肉舖就是靠著上述差異炸出迥異於一般家庭的可樂餅的好滋味。

本書刊載的人氣店簡介

▶ P22
東京・秋葉原　『新宿すずや　秋葉原店』
住所／東京都千代田区外神田 4-14-1 秋葉原ＵＤＸ３Ｆ
電話／ 03（3252）3105

▶ P23
大阪・本町　『味名人』
住所／大阪市中央区南久宝寺町 3-6-13 松浦ビル B1
電話／ 06（6243）0217

▶ P24
東京・花川戸　『元祖 焼きかつ 桃タロー』
住所／東京都台東区花川戸 1-10-9
電話／ 03（3841）0735

▶ P25、50
東京・上野　『ぽん多 本家』
住所／東京都台東区上野 3-23-3
電話 03（3831）2351

▶ P26
東京・田原町　『とんかつ　すぎ田』
住所／東京都台東区寿 3-8-3
電話／ 03（3844）5529

▶ P27
東京・上野　『蓬莱屋』
住所／東京都台東区上野 3-28-5
電話／ 03（3831）5783

▶ P28
東京・湯島　『井泉 本店』
住所／東京都文京区湯島 3-40-3
電話／ 03（3834）2901

▶ P29
大阪・難波　『とんかつ専門店　なにわ』
住所／大阪府大阪市浪速区難波中 2-6-1
電話／ 06（6633）0472

▶ P14
愛知・名古屋
『串物専門店　當り屋　本店』
住所／愛知県名古屋市千種区向陽 1-12-29
電話／ 052（761）7033

▶ P15
福井・福井　『ヨーロッパ軒総本店』
住所／福井県福井市順化 1-7-4
電話／ 0776（21）4681

▶ P16
東京・恵比寿　『キムカツ恵比寿本店』
住所／東京都涉谷区恵比壽 4-9-5
電話／ 03（5420）2929

▶ P17
東京・目黑　『とんかつ　とんき』
住所／東京都目黑区下目黒 1-1- 2
電話／ 03（3491）9928

▶ P18
茨城・つくば
『とんかつ　とんQ　つくば本店』
住所／茨城県筑波市東新井 13-12
電話／ 029（852）4509

▶ P19
東京・西麻布　『西麻布　豚組』
住所／東京都港区西麻布 2-24-9
電話／ 03（5466）6775

▶ P20
東京・新宿　『トンカツの店　豚珍館』
住所／東京都新宿区西新宿 1-13-8
LeCIEL 西新宿館（旧高橋ビル）２Ｆ
電話／ 03（3348）5774

▶ P21
東京・渋谷　『かつ吉　渋谷店』
住所／東京都涉谷区涉谷 3-9-10　ＫＤＣ涉谷ビルＢ１Ｆ
電話／ 03（5485）1123

▶ P6
東京・四谷『三金　四谷店』
住所／東京都新宿区四谷 1-2
電話／ 03（3357）0331

▶ P7,44
東京・銀座『洋食煉瓦亭』
住所／東京都中央区銀座 3-5-16
電話／ 03（3561）3882

▶ P8
東京・表参道『まい泉　本店』
住所／東京都涉谷区神宮前 4-8-5
電話／ 0120（428）485

▶ P9
東京・数寄屋橋
『ニユー・トーキヨー　数寄屋橋本店』
住所／東京都千代田区有樂町２- ２- ３
電話／ 03（3572）3848

▶ P10
東京・新宿『王ろじ』
住所／東京都新宿区新宿 3-17-21
電話／ 03（3352）1037

▶ P11
神奈川・関内『勝烈庵　馬車道総本店』
住所／神奈川県横浜市中区常盤町 5-58-2
電話／ 045（681）4411

▶ P12
神奈川・川崎
『とんかつ 和幸 川崎本店』
住所／神奈川県川崎市川崎区駅前本町 26-1　川崎ＢＥ内７階
電話／ 044（200）6961

▶ P13
愛知・名古屋『味処　叶』
住所／愛知県名古屋市中区栄 3-4-110
電話／ 052（241）3471

▶ P47
東京・恵比寿 『PRIVATE TABLE 三田村』

住所／東京都渋谷区恵比壽 3–29–16　ＡＢＣアネックスビル５Ｆ
電話／ 03（3449）2918

▶ P48
東京・中野 『香林坊』

住所／東京都中野区中野 5-52-15　ブロードウェイセンター２Ｆ
電話／ 03（3385）7005

▶ P49
神奈川・箱根 『田むら 銀かつ亭』

住所／神奈川県足柄下郡箱根町強羅 1300-739
電話／ 0460（82）1440

▶ P51
東京・麻布十番
『グリル満天星麻布十番 本店』
住所／東京都港区麻布十番 1-3-1 アポリアビル地下１階
電話／ 03（3582）4324

▶ P52
愛知・知多 『まるは食堂旅館』

住所／愛知県知多郡南知多豊浜字峠８番地
電話／ 0569（65）1315

▶ P53
大阪・難波 『グリル清起』

住所／大阪府大阪市中央区難波 4-5-8
電話／ 06（6643）6119

▶ P54
東京・青梅 『夢遊膳　とん㐂』

住所／東京都青梅市新町 6-5-32
電話／ 0428（32）5151

▶ P55
大阪・曾根崎『知留久』本店

住所／大阪府大阪市北区曾根崎 2-9-9
電話／ 06（6311）6914

▶ P38
東京・上野『瓢箪　上野店』

住所／東京と台東区上野 1-2-6 長谷川ビル１・２階
電話／ 03（3836）4128

▶ P39
東京・表参道『新潟　食楽園』

住所／東京都渋谷区神宮前 4-11-7
電話／ 03（5775）4332

▶ P40
東京・南砂町
『やわらか豚かつ マ · メゾン SUNAMO 店』

住所／東京都江東区新砂 3-4-31　南砂町ショッピングセンター SUNAMO ４階
電話／ 03（5677）0616

▶ P41
東京・神田『とんかつ　勝漫』

住所／東京都千代田区神田須田町 1-6-1 掘谷ビル１階
電話／ 03（3256）5504

▶ P42
東京・神保町『新潟カツ丼　タレカツ』

住所／東京都千代田区西神田 2-8-9
電話／ 03（5215）1950

▶ P45
兵庫・三宮 『洋食 赤ちゃん』

住所／兵庫県神戸市中央区北長狭通 1-9-17 三宮興業ビル１Ｆ
電話／ 078（331）4030

▶ P46
東京・新橋 『新ばし　牛かつ　おか田』

住所／東京都港区新橋 2–16–1　ニュー新橋ビルＢ１
電話／ 03（3502）0883

▶ P30
東京・銀座
『みそかつ　矢場とん　東京銀座店』
住所／東京都中央区銀座 4-10-14
電話／ 03（3546）8810

▶ P31
東京・赤坂『洋食とんかつ　フリッツ』

住所／東京都千代田区永田町 2-13-10 プルデンシャルタワー１階
電話／ 03（3500）3755

▶ P32,56
東京・日本橋『たいめいけん』

住所／東京都中央区日本橋 1-12-10
電話／ 03（3271）2465

▶ P33
東京・銀座『銀座梅林　本店』

住所／東京都中央区銀座 7-8-1
電話／ 03（3571）0350·0450

▶ P34
愛知・名古屋
『焼とんかつの店　たいら』

住所／愛知県名古屋市千種区今池 5-8-9
電話／ 052（731）4555

▶ P35
愛知・名古屋 『黒豚屋　らむちぃ』

住所／愛知県名古屋市中区栄 3-15-6　栄 ST ビル地下１階
電話／ 052（241）1664

▶ P36
東京・四谷『とんかつ　鈴新』

住所／東京都新宿区荒木町 10-28 十番館ビル１階
電話／ 03(3341)0768

▶ P37
東京・西麻布『三河屋』

住所／東京都港区西麻布 1-13-15
電話／ 03（3408）1304

ADVERTISEMENT

18家日本名店的個性料理

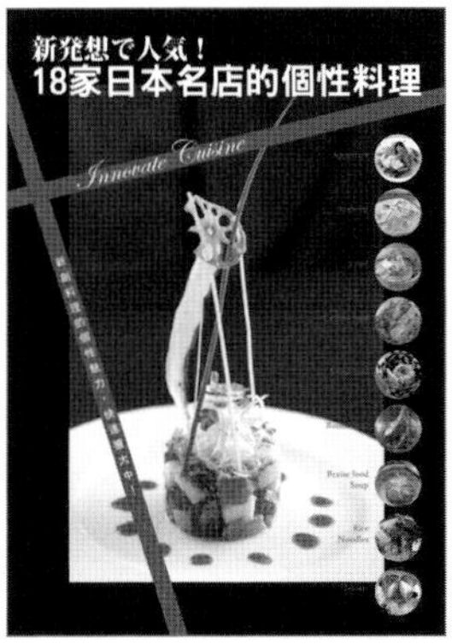

本書訪問日本十八家名店，推出各家店兼顧『健康、美味、創意』的拿手好菜。

讓人食指大動的173道精緻料理，從前菜到甜點，徹底滿足你對美食最豐富的想像!

21×29cm　136頁　彩色　定價400元

日本話題店的創作料理最新菜單

本書蒐羅日本各地料理名店的最新183道創作料理，內容包含前菜、開胃菜、沙拉、碳烤、煎炒、油炸、蒸煮、麵飯料理以及甜點。運用常見的食材，加上料理師傅的巧思，創作出屬於該店的獨門菜色！

21×29cm　136頁　彩色　定價450元

日本料理の最新調理技術教本

這幾年日本料理不斷推陳出新，每一年料理師傅們都會創作出嶄新風味的日本料理，用一道道精美的料理給人視覺和味覺強大的滿足。本書專訪了16家日本料理專門店，大公開各家師傅擅長的料理項目，區分：刺身、湯品、燒烤、蒸煮、油炸，等五大類，近百道料理，讀者可藉由詳細的步驟來學習，跟著大師們一起體驗新創作的日本料理的魅力。

21×29cm　120頁　彩色　定價480元

創作蓋飯

本書將帶領大家更進一步發現蓋飯的新領域，看日本名廚運用世界各地食材，將異國風味融入蓋飯料理中，帶給你新的衝擊與美味感受，你不妨也照著本書指導，親手料理體驗蓋飯的魅力吧！

21×29cm　96頁　彩色　定價380元

日式拉麵．沾麵．涼麵技術教本

拉麵，一道看似簡單的料理，其實風情萬種，莫測高深。

本書專訪27家日本人氣拉麵店，公開他們受人歡迎的拉麵的獨家秘方，從湯頭、麵條、叉燒肉、配菜等等，一步一步教授何以美味的秘密所在。

21×29cm　128頁　彩色　定價450元

湯底對了，火鍋一定好吃

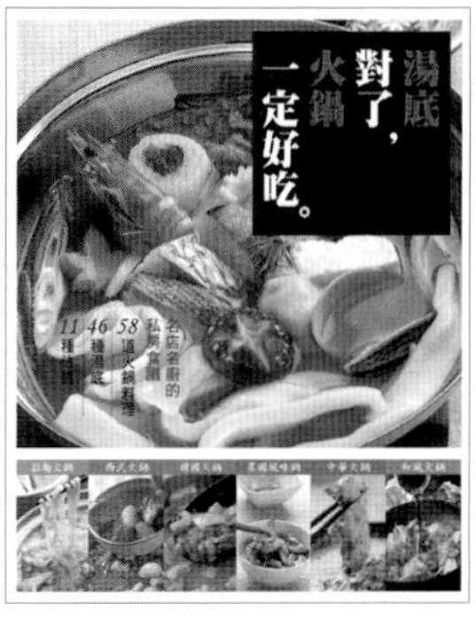

湯底是火鍋料理的精髓，依據火鍋料理來搭配不同的湯底。比如說：味道清淡的白魚，為了避免味道被蓋過，所以適合搭配風味溫潤的昆布高湯。本書精選五家日本火鍋料理名店，請店裡的主廚提供他們的私人食譜，傳授料理火鍋所需的注意事項。一共介紹58道火鍋料理、46種鍋底，以及11種沾醬的作法。讓您對火鍋的吃法有更深層的認識！

21×26cm　96頁　彩色　定價300元

購書優惠服務，請洽TEL：02-29453191　或　e-order@rising-books.com.tw

TITLE

日式炸豬排＆炸物　排隊店酥炸成功秘訣

STAFF

出版　瑞昇文化事業股份有限公司
編著　旭屋出版社
譯者　林麗秀

總編輯　郭湘齡
文字編輯　王瓊苹、闕韻哲
美術編輯　朱哲宏
排版　執筆者設計工作室
製版　明宏彩色照相製版股份有限公司
印刷　皇甫彩藝印刷股份有限公司

戶名　瑞昇文化事業股份有限公司
劃撥帳號　19598343
地址　台北縣中和市景平路464巷2弄1-4號
電話　(02)2945-3191
傳真　(02)2945-3190
網址　www.rising-books.com.tw
Mail　resing@ms34.hinet.net

本版日期　2016年10月
定價　350元

國家圖書館出版品預行編目資料

日式炸豬排＆炸物：排隊店酥炸成功秘訣 ／
旭屋出版社編著；林麗秀譯.
-- 初版. -- 台北縣中和市：瑞昇文化，2010.01
120面；20.7×28公分

ISBN 978-957-526-924-1 (平裝)

1.餐飲業　2.烹飪　3.日本

483.8　99000368